DIE WASSERVERSORGUNG

des

Selz-Wiesbach-Gebietes

von

B. v. Boehmer,

Großherzoglicher Baurat und Vorstand der Großherzoglichen
Kulturinspektion Mainz.

———

Mit 10 Tafeln und 16 Abbildungen.

———

Photographische Aufnahmen von ROBERT DOES, ALZEY.
Tafeln gezeichnet von Geometer HÄRING und PHIL. HAUF.

München und Berlin.
Druck und Verlag von R. Oldenbourg.
1906.

Inhaltsverzeichnis.

Fig. 6. Pumpwerksgebäude. Vorderansicht.

I. Beschreibung der Anlage.

1. Umfang, Lage und geologische Beschaffenheit des Wasserversorgungsgebietes.

(Übersichtskarte der Provinz Rheinhessen Tafel I und Übersichtslageplan der Wasserversorgung des Selz-Wiesbachgebietes Tafel II.)

Die Wasserversorgung des Selz-Wiesbachgebietes dient zur Versorgung der Gemeinden Armsheim, Bubenheim, Eichloch, Engelstadt, Ensheim, Gau-Bickelheim, Gau-Weinheim, Jugenheim, Nieder-Hilbersheim, Nieder-Saulheim, Ober-Saulheim, Partenheim, Schimsheim, Spiesheim, Stadecken, Sulzheim, Vendersheim und Wörrstadt. Außer an diese 18 Gemeinden, die Mitglieder des Verbandes zum Bau und Betrieb der Wasserversorgungsanlage sind, soll auch Wasser an die Gemeinden Nieder-Ingelheim, Ober-Ingelheim, Groß-Winternheim, Schwabenheim, Essenheim und Wallertheim im Bedarfsfalle abgegeben werden. Diese 6 letztgenannten Gemeinden sind zwar bereits im Besitze eigener Wasserwerke, die jedoch zum Teil zeitweise nicht imstande sind, den Bedarf hinreichend zu decken, so daß der Anschluß an das Verbandswasserwerk, wenn auch nicht als Mitglieder, so doch als Großabnehmer, zweckmäßig erschien.

Das Versorgungsgebiet erstreckt sich auf das untere Selztal, das mittlere Wiesbachtal sowie die Höhen zwischen beiden Tälern.

Die in den Talniederungen liegenden Orte stehen auf Cyrenenmergel oder Rupelton, die beide gänzlich wasserundurchlässig sind, so daß die vorhandenen Brunnen ihr Wasser nur aus oberflächlichen Diluvialschichten oder zusammengeschwemmten Bodenschichten entnehmen. Das Wasser ist infolgedessen in sehr vielen Fällen minderwertig und mußte schließlich unter dem Einfluß der nun schon seit etwa 15 Jahren anhaltenden Trockenperiode, die insbesondere eine Folge der geringen Winterfeuchtigkeit ist, nach und nach abnehmen und schließlich vielfach ganz ausbleiben.

Die Hochflächen sind von Cerithien- und Corbiculakalken bedeckt, die infolge ihrer Klüftigkeit wasserführend sind. Die Quellaustritte befinden sich durchgehends an den Rändern des Plateaus über dem Cyrenenmergel an der Basis des Cerithienkalkes. Da nun aber die Plateaus zumeist außerordentlich schmal und außerdem infolge des Nachgebens des Cyrenenmergels unter dem Drucke der schweren Kalkdecke nach verschiedenen Seiten geneigt sind, so sind auch die für die Quellenspeisung in Betracht kommenden Niederschlagsgebiete relativ klein, und es mußte sich deshalb der Einfluß der Trockenheitsperiode auf sie ganz besonders nachteilig bemerkbar machen.

Alle Quellen im gesamten Versorgungsgebiet haben in den letzten Jahren fast beständig abgenommen oder sind zum Teil auch ganz ausgeblieben.

Der immer mehr zunehmende Wassermangel in den Ortschaften des Gebietes verlangte, wenn die Gemeinden wirtschaftlich und sanitär nicht zurückkommen sollten, dringend gründliche Abhilfe, und es wurde daher, da nach Lage der oben geschilderten geologischen Verhältnisse auf eine Versorgung durch Einzelwasserwerke im Gebiete selbst nicht gerechnet werden konnte, durch die Großherzogliche Kulturinspektion Mainz eine gemeinsame Versorgung aller bedürftigen Gemeinden von einem außerhalb des Gebietes gelegenen Zentralwasserwerk angeregt und ein entsprechendes Projekt ausgearbeitet.

2. Vorarbeiten.

a) Wasserbedarf.

Der Wasserbedarf der in Frage kommenden Ortschaften ist in der nebenstehenden Tabelle (Tafel III) unter Zugrundelegung der für Landgemeinden üblichen Einheitssätze ermittelt. Den örtlichen Verhältnissen entsprechend ist für sämtliche Gemeinden ein Bevölkerungszuwachs von 10 % in Rechnung gezogen worden. Der so berechnete Maximalbedarf beträgt 1473 cbm.

b) Wasserbeschaffung.

Als Wasserentnahmestelle konnten nur die Talniederungen des Rheines oder der Nahe in Frage kommen. Die Verhältnisse des Nahetales liegen für die Bildung starker Grundwasserströme weniger günstig wie die des Rheintales, da im Nahetal die alluvialen Kies- und Schotterschichten meist nur wenige Meter mächtig und außerdem, der Kürze des Flußlaufes entsprechend, von außerordentlich grober Beschaffenheit sind. Im Rheintal dagegen zieht parallel dem Rheinstrom in der Niederung am Rande des Rheinhessischen Plateaus ein alter Flußlauf entlang, an den Orten Heidesheim und Ingelheim vorüber, der nach neueren Untersuchungen von Bergrat Prof. Dr. Steuer in Darmstadt wohl vom Main in einer Zeit eingegraben worden ist, als der Rhein noch nicht da war. Der Rhein hat später von diesem Gebiete Besitz ergriffen, hat die Kiese umgelagert und mit seinen eigenen vermischt.

Das Flußbett ist in den Cyrenenmergel eingegraben, der sich nach dem Rheine zu heraushebt und eine direkte Verbindung.des Rheinwassers mit dem Grundwasserstrom verhindert. Der Eintritt des Grundwassers muß also ziemlich weit im Osten, etwa beim Orte Budenheim, erfolgen.

Außerdem tritt an verschiedenen Stellen zwischen Budenheim und Ingelheim von dem Rheinhessischen Plateau kommendes Wasser, das aus den Kalkstein- und Sandschichten zu Tale fließt, in den Grundwasserstrom ein. Besonders ist dies ohne Zweifel der Fall an den bekannten Quellhorizonten am Leniabergwald (Bernhardsborn, Uhlerborn), bei Heidesheim (Karlsquelle, Orblerquelle, Wackernheimerquellen) und östlich von Ingelheim (Quelle der Gemeindeleitungen von Heidesheim und Ingelheim, der Siechenanstalt etc.). Der sehr mächtige Grundwasserstrom zieht in westlicher Richtung und wird zwischen den Orten Gaulsheim und Kempten in den Rhein gedrängt.

Um über die Verhältnisse dieses Grundwasserstromes genauen Aufschluß zu bekommen, wurde sowohl senkrecht zu seiner vermutlichen Stromrichtung wie parallel zu derselben eine Anzahl Probebohrlöcher hergestellt. Die sich ergebenden Bodenprofile sind in Tafel III dargestellt und zeigen, daß die über dem Cyrenenmergel lagernden Kiese, die fast ausnahmslos nicht über 3 bis 4 cm Korngröße haben und mit reinem, scharfkantigem Sande untermischt sind, bis zu 11 m mächtig sind und eine Überdeckung von Humus und sandigem Lehm von ca. 1,5 m Stärke besitzen.

Aus den Profilen der Bohrlöcher 1 bis 6 (Tafel III) ist ersichtlich, daß der Cyrenenmergel, der unter der Kiesschicht liegt, von Bohrloch 3, sowohl nach dem Rheinhessischen Plateau, wie nach dem Rhein zu steigt. Er tritt auf der Lebrechtsau, die durch einen schmalen Rheinarm vom Ufer getrennt ist, sogar zutage. Der Grundwasserspiegel fiel zur Zeit der Aufnahmen mit etwa 0,25 % nach dem Rhein zu. Das alte Flußbett verläuft in einem Bogen, und es liegen daher die tiefsten Stellen der alten Flußsohle naturgemäß an der dem Plateau zu gelegenen konkaven Seite.

2. Vorarbeiten.

Berechnung des Wasserbedarfs.

Lfde. Nr.	Gemeinde	Einwohnerzahl	Verbrauch pro Kopf und Tag l	Bedarf pro Tag Liter	Großvieh	Verbrauch pro Kopf und Tag l	Bedarf pro Tag Liter	Kleinvieh	Verbrauch pro Kopf und Tag l	Bedarf pro Tag Liter	Maximalbedarf pro Tag l	Zuschlag für Zunahme der Bevölkerung nach 50 Jahren %	Voraussichtlicher Maximalbedarf nach 50 Jahren l
1	Bubenheim	567	50	28 350	478	50	23 900	268	10	2 680	54 930	10 %	60 423
2	Stadecken	1 040	50	52 000	715	50	35 750	439	10	4 390	92 140	10 %	101 354
3	Nieder-Saulheim	2 079	50	103 950	1 237	50	61 850	954	10	9 540	175 340	10 %	192 874
4	Ober-Saulheim	663	50	33 150	447	50	22 350	375	10	3 750	59 250	10 %	65 175
5	Partenheim	1 035	50	51 750	626	50	31 300	487	10	4 870	87 920	10 %	96 712
6	Jugenheim	1 052	50	52 600	501	50	25 050	449	10	4 490	82 140	10 %	90 354
7	Sulzheim	706	50	35 300	424	50	21 200	423	10	4 230	60 730	10 %	66 803
8	Vendersheim	501	50	25 050	343	50	17 150	250	10	2 500	44 700	10 %	49 170
9	Gau-Weinheim	503	50	25 150	323	50	16 150	274	10	2 740	44 040	10 %	48 444
10	Gau-Bickelheim	1 304	50	65 200	691	50	34 550	595	10	5 950	105 700	10 %	116 270
11	Schimsheim	260	50	13 000	136	50	6 800	139	10	1 390	21 190	10 %	23 309
12	Armsheim	1 167	50	58 350	620	50	31 000	478	10	4 780	94 130	10 %	103 543
13	Wörrstadt	2 334	50	116 700	807	50	40 350	1 443	10	14 430	171 480	10 %	188 628
14	Eichloch	455	50	22 750	279	50	13 950	252	10	2 520	39 220	10 %	43 142
15	Spiesheim	728	50	36 400	582	50	29 100	481	10	4 810	70 310	10 %	77 341
16	Ensheim	477	50	23 850	275	50	13 750	227	10	2 270	39 870	10 %	43 857
17	Engelstadt	620	50	31 000	397	50	19 850	408	10	4 080	54 930	10 %	60 423
18	Nieder-Hilbersheim	444	50	22 200	328	50	16 400	242	10	2 420	41 020	10 %	45 122
		15 935		796 750	9 209		460 450	8 184		81 840	1 339 040	10 %	1 472 944

1*

Aus den Bodenprofilen 7, 4 und 8 ist ersichtlich, daß der Grundwasserspiegel mit ungefähr 0,01 % Gefälle parallel zum Rhein fällt, woraus sich in Verbindung mit dem obenerwähnten Quergefälle von 0,25 % auf eine Bewegung des Grundwassers spitzwinkelig nach dem Rhein zu schließen läßt. Da der Grundwasserspiegel höher als der Mittelwasserstand des Rheines liegt, so ist eine ungünstige Beeinflussung vom Rhein her nicht zu befürchten.

Der Umstand, daß der Cyrenenmergel von Bohrloch 7 nach 8 steigt, ist dadurch zu erklären, daß Bohrloch 8 nicht an der tiefsten Stelle der alten Flußsohle, sondern mehr nach dem Ufer zu liegt, was seinen Grund darin hat, daß die Bohrlöcher in einer geraden Linie angeordnet wurden, während der alte Flußlauf, wie oben erwähnt, im Bogen verläuft.

c) Versuchsbrunnen und Pumpversuch.

Um über die Durchlässigkeit des Untergrundes sowie über die Ergiebigkeit des Grundwasserstromes Aufschluß zu erhalten, war es nötig, einen Versuchsbrunnen abzuteufen und einen Dauerpumpversuch vorzunehmen. Es wurde deshalb in der Nähe von Bohrloch 2 ein Filterbrunnen bis zur wasserundurchlässigen Schicht abgeteuft. Die Bohrweite dieses Brunnens beträgt 1000 mm und die Weite des eingesetzten mit Erbskies, ummantelten Filterrohres 500 mm.

An diesem Brunnen wurde im Monat Juni 1904 ein 21 tägiger Dauerpumpversuch vorgenommen. Das Ergebnis desselben ist in Tafel IV graphisch dargestellt. Es wurden im Durchschnitt 11,5 Sek.-l, d. i. pro Tag 990 cbm, gepumpt. Die gesamte Fördermenge betrug 20806 cbm. Als größte Absenkung ergaben sich hierbei 1,69 m.

In einem Umkreis von 40 bzw. 100 m waren sechs Beobachtungsröhren, die einige Meter in die wasserführende Schicht hineinreichten, geschlagen, um die Schwankungen des Grundwasserspiegels zu beobachten. Die Absenkung desselben betrug bei den Beobachtungsröhren des inneren Kreises 0,75 m und bei denen des äußeren Kreises 0,55 m im Mittel und zeigte keine erheblichen Schwankungen und Änderungen im Verlaufe des Pumpversuches. Die Schwankungen des Rheinwasserstandes waren auf den Grundwasserstand ohne Einfluß.

d) Chemische und bakteriologische Untersuchung des Wassers.

Um die Brauchbarkeit des Wassers zu Trinkzwecken nachzuweisen, wurde während des Pumpversuches eine chemische und bakteriologische Untersuchung durch die Großherzogliche Chemische Prüfungsstation zu Darmstadt vorgenommen. Das Ergebnis war folgendes:

1. Probe zur chemischen Untersuchung enthält in je 1000 ccm (= 1 l):

Gesamtrückstand (bei 100° C getrocknet) 463,0 mg; darin:

Kieselsäure	9,2 mg
Eisenoxyd	2,0 „
Entspr. Eisenoxydul	1,7 „
Kalk	135,6 „
Magnesia	33,0 „
Chlor	41,1 „
Schwefelsäure	35,0 „
Salpetrige Säure	0,0 „
Salpetersäure	48,0 „
Ammoniak	0,0 „
Deutsche Härtegrade	18,2°

Die in 1000 ccm Wasser vorhandenen organischen Substanzen verbrauchten zur Oxydation:

Übermangansaures Kalium . . . . 2,2 mg
Reaktion des Wassers. schwach alkalisch
Temperatur des Wassers. . . . . 10,5° C

2. Die Proben zur bakteriologischen Untersuchung wurden gleichzeitig mit der vorgenannten Probe entnommen, und zwar wurden am Orte der Probeentnahmen fünf Plattenkulturen mit je 1 ccm Wasser und 10 ccm Nährgelatine angelegt.

Es entwickelten sich im Mittel aus allen Versuchen aus 1 ccm Wasser:

Nach 4 Tagen 10 Kolonien (Mittel aus 5 Versuchen)
„ 5 „ 19 „ („ „ 4 „)
„ 6 „ 21 „ („ „ 3 „)
„ 7 „ 24 „ („ „ 3 „)
„ 8 „ 25 „ („ „ 2 „)
„ 9 „ 30 „ („ „ 1 „)

Vom 8. bzw. 9. Tage an mußte das Zählen der Kolonien infolge Überwucherns peptonisierender Bakterien eingestellt werden.

Die beobachteten Bakterien waren durchweg harmlose Wasserbakterien. Die Keimzahl des Wassers ist als sehr niedrig zu bezeichnen und es war demgemäß weder in chemischer noch in bakteriologischer Hinsicht irgendwie zu beanstanden.

Wenn in dieser Hinsicht keinerlei Bedenken vorlagen, so war jedoch zu erwägen, ob eine Enteisenung des Wassers für die Folge notwendig werden würde.

Der vorgefundene Gehalt des Wassers an Eisenoxyd mit 2,0 mg im Liter war hoch, wenn man als zulässige Grenze 0,5 mg annahm.

Herr Professor Proskauer äußerte sich über diese Frage folgendermaßen:

„Grenzzahlen, wieviel Eisen (mg im Liter) ein Trinkwasser enthalten darf, ohne daß lästige „Erscheinungen (Trübung, Verfärbung) zu befürchten sind, wenn das Wasser mit der Luft in Berührung „kommt, sind nicht aufgestellt worden, lassen sich auch nicht geben. Es muß verlangt werden, daß „ein zu obigen Zwecken brauchbares Wasser beim Stehen unter öfterem Schütteln mit Luft sich nicht „verändert, d. h. keine Färbung und Ablagerung eines Bodensatzes zeigt. Es kommt vor, daß „Wasser nachweisbare Mengen von Eisenverbindungen enthält und trotzdem bei den Proben fragliche „Erscheinungen nicht auftreten. Ein derartiges Wasser wird man unbedenklich für Trinkwasser- „versorgungszwecke brauchen können. Die Menge des im Wasser nach dessen Enteisenung ver- „bleibenden Eisens hängt von der chemischen Beschaffenheit das Wassers ab."

Beim Pumpversuch wurde das Wasser aus dem Versuchsbrunnen zunächst mit ziemlich hohem Absturz in einen Meßkasten gepumpt. Alsdann durchlief es die verschiedenen Abteilungen dieses Kastens, einen Poncelet-Überfall und einen mehrere hundert Meter langen Graben. Trotz dieses langen Laufes, während dem das Wasser mit der Luft in Berührung kam, trat weder eine Trübung ein, noch konnte eine Ablagerung von Eisenoxydschlamm beobachtet werden. Ein Versuch mit einer Wasserprobe von etwa 2 l, die in offenem Glaszylinder mehrere Wochen stehen blieb und in den ersten Tagen mittels Luftpumpe stündlich gründlich durchlüftet wurde, ergab auch ein negatives Resultat. Außerdem ließen die Erfahrungen, die man mit den ebenfalls in dem Grundwasserstand des Rheines bei Bodenheim liegenden, zum Pumpwerk für die Wasserversorgung des Bodenheimer Gebietes gehörenden Brunnen gemacht hatte, hoffen, daß sich der Eisengehalt des Wassers während des Betriebes nach und nach ganz verlieren werde.

Bei den Bodenheimer Brunnen betrug der Eisengehalt ursprünglich 4,4 mg, ging nach dem dreiwöchigen Pumpversuch auf 3,4 mg zurück, betrug, nachdem das Pumpwerk etwa 10 Tage im regelmäßigen Betrieb war, 2,8 mg und hatte sich nach 9 Betriebsmonaten vollständig verloren.

Es war daher anzunehmen, daß auch im vorliegenden Falle während des Betriebes eine erhebliche Verminderung des Eisengehaltes eintreten werde und daß daher vorerst von einer Enteisenungsanlage abgesehen werden könne. Es wurde jedoch die Maschinenanlage so disponiert, daß im Falle eines späteren Bedürfnisses die weiteren Pumpen und Einrichtungen leicht untergebracht werden können. Die Enteisenungsanlage selbst wäre dann in einem besonderen Gebäude, neben dem Maschinenhause, anzulegen.

3. Brunnenanlage.

Wie aus der weiter unten folgenden Berechnung des Pumpwerkes ersichtlich ist, sind 32 l pro Sekunde zu fördern. Zur Lieferung dieser Wassermenge sind 5 Filterbrunnen von je 1000 mm Rohrweite und 500 mm Filterweite angelegt, die in Abständen von ca. 100 m liegen (Lageplan der Brunnen und des Pumpwerkes Tafel V). Aus den Filterbrunnen wird das Wasser mittels einer Heberleitung in einen Sammelbrunnen von 2,30 m Durchmesser geleitet, aus dem die Pumpen saugen. Im Bedarfsfalle kann jedoch direkt aus der Heberleitung gesaugt werden. Die Einschaltung des Sammelbrunnens erfolgte, um etwa in der Leitung befindlichem feinem Sande Gelegenheit zu geben, sich abzusetzen. Die Heberleitung ist in jedem Filterbrunnen mit Fußventilen versehen. Durch Anordnung eines besonderen Absperrschiebers im Einsteigschacht jedes Filterbrunnens ist die Möglichkeit vorhanden, die einzelnen Brunnen nach Belieben ein und aus zu schalten.

4. Pumpwerksanlage.

Der Terrainbeschaffenheit gemäß ist das Versorgungsgebiet in 3 Druckzonen mit je einem Haupthochbehälter geteilt (Lageplan des Gebietes Tafel II und Höhenplan Tafel VI). Aus den Haupthochbehältern füllen sich die verschiedenen Ortsbehälter; nur die Behälter von Bubenheim und Stadecken werden direkt von der Druckleitung gespeist.

Für die Wasserförderung sind 2 Pumpen und 2 Motoren vorgesehen. In die beiden unteren Druckzonen soll gleichzeitig mit beiden Motoren und Pumpen gefördert werden, während in die oberste Druckzone nur ein Motor mit einer Pumpe fördern soll.

Als Förderleistung für jede der beiden Pumpen sind 16 Sek.-l angenommen.

Hiernach berechnet sich die erforderliche Nutzleistung der Motoren wie folgt:

1. Förderung in den Haupthochbehälter II (Zone I und II).

Maximalförderung pro Tag unter Berücksichtigung der Bevölkerungszunahme	1120 cbm
Bei 32 Sek.-l-Fördermenge sind Betriebszeit erforderlich	9³/₄ Std.
Höhenunterschied vom Wasserspiegel im Saugbrunnen (80) bis zum Einlauf im Haupthochbehälter II (255)	175,00 m
Druckverlust im Druckrohrstrang von 12540 m Länge und 250 mm Rohrweite beträgt $0,3 \cdot 125,4 =$	37,62 m
Demnach manometrische Förderhöhe	212,62 m

Die Berechnung der Druckverluste erfolgte nach der auf Grund der Darcyschen Formel berechneten Tabelle (Tafel X). Mit Rücksicht auf die später, nach langjährigem Betrieb zu erwartende Inkrustierung des Rohrinnern, wurden die ermittelten Zahlen doppelt genommen in Rechnung gesetzt.

Die Nutzleistung des Motors unter Berücksichtigung eines Zuschlags von 30% für Kraftverlust ist: $1,3 \cdot 32 \cdot 212,62$ mkg = 118 PS.

Zur Deckung des derzeitigen Maximalverbrauches von 1020 cbm (jetzige Bevölkerungszahl) wären bei Zugrundelegung obiger Fördermenge rund 8 Stunden täglich für Zone I und II zu pumpen.

2. Förderung in den Haupthochbehälter III (Zone III).

Maximalförderung pro Tag unter Berücksichtigung der Bevölkerungszunahme   350 cbm

Bei 16 Sek.-l-Fördermenge sind Betriebszeit erforderlich rund . . . . . .   6 Std.

Höhenunterschied vom Wasserspiegel im Saugbrunnen (80) bis zum Einlauf
am Haupthochbehälter III (261,45) . . . .   181,45 m

Druckverlust:

  a) in dem Druckrohrstrang von 250 mm Lichtweite von Station 0 bis
     12350 = $0,075 \cdot 123,5$ = ...   9,26 m

  b) in dem Druckrohrstrang von 200 mm Lichtweite von Station 12350
     bis 17200 = 4850 m; $0,21 \cdot 48,5$ = ...   10,18 m

  c) in dem Druckrohrstrang von 175 mm Lichtweite von Station 17200
     bis 25133 = 7933 m; $0,45 \cdot 79,33$ = ...   35,70 m

Demnach manometrische Förderhöhe . . . .   236,59 m

Die Nutzleistung des Motors unter Berücksichtigung eines Zuschlages von 30% für Kraftverlust ist hiernach: $1,3 \cdot 16 \cdot 236,59$ mkg = 66 PS.

Zur Deckung des Maximalverbrauches von 320 cbm, der dem jetzigen Stand der Bevölkerung der dritten Zone entspricht, wären bei Zugrundelegung obiger Fördermenge rund 5½ Stunden täglich für Zone III zu pumpen.

Es sind hiernach für alle 18 Orte zur Deckung des derzeitigen Maximalverbrauches 13½ Stunden Betriebszeit erforderlich, während der voraussichtlich in 50 Jahren nach der Wasserbedarfsberechnung zu deckende Maximalbedarf eine Pumpzeit von 15¾ Stunden erfordert.

Als Betriebskraft für das diesem Kraftbedarf und der erwähnten Fördermenge entsprechende Pumpwerk wurde eine Sauggasmotorenanlage der Deutzer Gasmotorenfabrik gewählt.

Auf Grund der obigen Berechnungen und angefügten Bemerkungen wurde die Maschinenanlage disponiert (Grundriß der Maschinenanlage Tafel VII).

Die Anlage besteht aus:

  a) der Sauggasanlage,
  b) der Motorenanlage,
  c) der Pumpenanlage,
  d) der Hilfsmaschinenanlage mit Transmission.

a) Die Sauggasanlage besteht aus zwei Generatoren mit Kondensatoren, schmiedeeisernem Reiniger, Gasfilter und Teerabscheider.

Die Anlage kann sowohl mit Anthrazit als auch mit Koks beschickt werden und ist für beide Brennstoffe reichlich groß dimensioniert, um das für die Belastung der Motoren erforderliche Gas zu produzieren. Außer der normalen Skrubberreinigung, die im allgemeinen als genügend betrachtet werden kann, ist noch ein besonderer Reinigungsapparat, ein Deutzer Gasfilter, eingeschaltet, wodurch eine weitere und gründliche Ausscheidung aller teerigen Bestandteile und sonstigen Verunreinigungen bewirkt wird.

An der Generatorkonstruktion ist die Anordnung des Verdampfers besonders bemerkenswert, der nicht als ein daneben geschalteter, getrennter Röhrenverdampfer ausgebildet ist, sondern als eine, den oberen Abschluß des Generators bildende Gußeisenschale mit großer Wasseroberfläche und vor allen Dingen mit großer Widerstandsfähigkeit gegen Durchbrennen, Durchrosten und Springen.

Der Beschickungstrichter am Generator ist mit einem gut funktionierenden Doppelverschluß versehen, und das Volumen des Trichters ist so groß bemessen, daß bei Vollbelastung des Motors ein Auffüllen von Brennmaterial nur alle 3 bis 4 Stunden erforderlich ist. Die Sauggasanlage ist mit allen erforderlichen Armaturen, Sicherheitsvorrichtungen, Probierhähnen, Absperrschiebern, Rückschlagventilen, Vakuummessern usw. ausgerüstet. In der Leitung von dem Gasfilter zum Motor sind auch noch zweckmäßig angeordnete Absperrschieber eingebaut, wodurch es ermöglicht wird, zwischen den Motoren und Generatoren einen wechselseitigen Betrieb durchzuführen.

Das Gas durchströmt auf seinem Weg zum Motor folgende Apparate: den Generator, den Staubsammler, den Skrubber, den Kondensator, den Gasfilter, den Gaskessel und den Teerabscheider.

Die Funktionen jedes einzelnen Apparates sind folgende:

Der Staubsammler hat den Zweck, mechanisch mitgerissene Staubteilchen, Kohlenteilchen, Asche usw. zurückzuhalten. Er ist mit einem Wasserverschluß versehen und so konstruiert, daß der sich ansammelnde und aus den zurückgehaltenen Verunreinigungen bestehende Schlamm während des Betriebes abgelassen werden kann.

Der Skrubber dient zur hauptsächlichsten Reinigung und zur Kühlung des Gases. Er besteht aus einem großen zylindrischen Behälter, der schichtweise mit Koks verschiedener Korngröße gefüllt ist und von oben durch eine Brause ganz gleichmäßig mit Wasser berieselt wird. Das Gas tritt von unten ein, durchströmt die ganze Koksschicht, wobei es vielfach mit Wasser in Berührung kommt, wodurch die teerigen Bestandteile abgesondert werden und durch die Abkühlung des Gases auch die noch unzersetzten Wasserdämpfe kondensiert werden. Von dem Skrubber kommt das Gas in den Kondensator, der den Zweck hat, das Gas vollständig von Feuchtigkeit zu befreien, damit es den Gasfiltern trocken zugeführt wird. Der Apparat beruht auf dem Prinzip der Stoßreiniger.

Die Gasfilter selbst werden mit einer entsprechenden Reinigungsmasse gefüllt und sind abweichend von der früher üblichen Konstruktion der Sägemehlreiniger so konstruiert, daß die Reinigungsmasse ganz allmählich erneuert werden kann, indem an dem unteren Teil des Filters die verbrauchte Masse abgezogen und oben frische Masse nachgefüllt wird. Die Konstruktion des Gasfilters ist eine derartige, daß die Reinigungsmasse sich ganz von selbst schichtenweise lagert und durch das leichte Nachfüllen der neuen Masse und Abziehen der verbrauchten Masse stets die Gewähr dafür gegeben ist, daß die jeweilige Lagerung aufgelockert wird und sich die bei den Sägemehlreinigern vielfach beobachteten Kanäle, durch die das Gas ungereinigt hindurchtritt, nicht bilden können.

Der Gaskessel soll die periodische Ansaugewirkung des Motors ausgleichen, damit alle vorgenannten Apparate durch einen Gasstrom mit gleichmäßiger Geschwindigkeit durchströmt werden.

Der Teerabscheider, der kurz vor dem Motor in die Rohrleitung eingeschaltet ist, beruht ebenso wie der Kondensator auf Stoßwirkung und hat den Zweck, noch weiter enthaltene Unreinigkeiten abzufangen.

b) Die Motorenanlage (Fig. 1) besteht aus zwei 70 PS-Einzylinder-Viertaktmotoren, die mit Anthrazitsauggas bei 180 minutlichen Umdrehungen eine maximale Leistung von ca. 77 eff. PS besitzen und bei denen hauptsächlich das angewandte Regulierungsprinzip von Interesse ist. Der Regulator verstellt bei größerer oder kleinerer Belastung der Maschine einen Hebel, wodurch der Hub des Einlaßsteuerorganes verringert oder vergrößert wird. Dieses Einlaßsteuerorgan ist so beschaffen, daß nicht nur das Gasvolumen sondern auch gleichzeitig das Luftvolumen reguliert wird und das Verhältnis von Gas zur Luftmenge stets bei allen Belastungen konstant bleibt. Der Gasmotor erhält dadurch verschiedene Füllungsgrade, was zur Folge hat, daß bei geringerer Belastung des Motors die Kompression und die Verbrennungsspannung ebenfalls geringer wird und nur bei großer Belastung des Motors die volle Kompression und Verbrennungsspannung eintritt. Diese Eigentümlichkeit kommt besonders dann zur Geltung, wenn die Motoren, wie in dem vorliegenden Fall, mit verschiedenen Belastungen zu arbeiten haben.

Da die Motoren in der Regel mit reduzierter Tourenzahl arbeiten, kann im Bedarfsfalle durch Vergrößerung der Tourenzahl die Leistung des Pumpwerkes vermehrt und noch mehr als 16 l pro Sekunde und Pumpe gefördert werden.

Das Schwungradgewicht des Motors ist so bemessen, daß ein Ungleichförmigkeitsgrad von ungefähr $1/_{60}$ erreicht wird. Hierdurch wird ein vollständig ruhiger Riementrieb erreicht, und die Riemen, die Transmission, die Kuppelungen sowie überhaupt alle bei der Kraftübertragung von den Motoren auf die Pumpen zur Verwendung kommenden Teile sind einer viel geringeren Abnützung unterworfen, als dies bei Verwendung von Motorschwungrädern mit dem sonst üblichen Ungleichförmigkeitsgrad von $1/_{30}$ bis $1/_{40}$ der Fall sein würde. Mit Hilfe einer Zwischentransmission kann je nach Bedarf ein wechselseitiger und gleichzeitiger Betrieb zwischen Motoren und Pumpen stattfinden.

In die Transmissionswelle von 100 mm Durchmesser ist eine Klauenkuppelung mit Schleifring und Ausrücker eingeschaltet, um jede Transmissionshälfte allein betreiben zu können. Zum bequemen Ein- und Ausrücken der Pumpen ist die Transmission mit 2 Reibungskuppelungen System Dohmen-Leblanc in Verbindung mit je einer Riemenscheibe von 1490 mm Durchmesser, mit 4 Lünemannschen Leerlaufbüchsen mit Spindelausrückvorrichtung und mit 2 Hildebrandschen Zahnkuppelungen mit je einer Riemenscheibe von 1300 mm Durchmesser versehen.

c) Die Pumpenanlage (Fig. 2). Mit Rücksicht auf die in Frage kommende abnormal große Druckhöhe wurde für den vorliegenden Fall eine besondere Pumpenkonstruktion verwendet, die ein Mittelding zwischen einer Wasserhaltungsmaschine und einer Wasserwerkspumpe darstellt. Von ersterer ist die Type der ganzen Pumpe, die Ventilkonstruktion und die Dimensionierung entnommen, und letztere ist für die Formgebung und äußere Ausstattung der Maschine vorbildlich gewesen.

Es sind 2 liegende Differentialplungerpumpen, die bei 65 minutlichen Umdrehungen der Pumpenwelle je 16 l pro Sekunde auf eine manometrische Maximalförderhöhe von ca. 238 m heben. Jede Pumpe besitzt ein Riemenscheibenschwungrad von 3400 auf 450 mm.

Die Ventilkonstruktion nach System Fernis hat sich bei Hochdruckpumpen in vielen Fällen ausgezeichnet bewährt. Sie hat ihr Charakteristikum in der Art der Abdichtung der Ventilsitze, die nicht durch metallische Auflage des Tragringes auf den konisch ausgedrehten Ventilsitz erfolgt, sondern einzig und allein durch einen stulpartig ausgebildeten Lederring, der von dem Tragring gestützt wird und sich an die schrägen Wände des Ventilsitzes durch den Wasserdruck anlegt. Die Konstruktion des Ventiltellers, der in diesem Falle aus drei Teilen besteht, ist derart, daß sich zwischen diesen drei Teilen keinerlei Verbindungsschrauben oder Nieten, die sich im Laufe der Zeit zu lockern pflegen, befinden. Der Tragring, die Lederstulpe und der obere Ring mit der Federbüchse sind einfach übereinander gelegt und durch die Ventilbelastungsfeder dauernd aneinander gepreßt. Zu der Wahl einer Differentialpumpe hat hauptsächlich die große Einfachheit dieser Pumpenart veranlaßt. Man hat bei derselben nur 2 Ventile, die der Abnützung unterworfen sind und Bedienung oder Reparatur erfordern können. Der einfachen Saugwirkung der Differentialpumpe ist durch die Anordnung eines reichlich großen Saugwindkessels Rechnung getragen.

Mit Rücksicht auf den hohen Druck und auf vorkommende Überlastungen und Stöße ist ein Gabelrahmen mit einer gekröpften, dreifach gelagerten Welle vorgesehen und das Triebwerk äußerst kräftig und sicher dimensioniert.

Im Übrigen sind die Pumpen mit allen für eine bequeme Bedienung erforderlichen Armaturen ausgerüstet.

Alles Tropfwasser der Stopfbüchsen, Schwitzwasser, Öl usw. ist gut abgefangen, so daß ein vollständig reinlicher Betrieb der Anlage durchgeführt werden kann.

Die Schmierung der Pumpen erfolgt durch Präzisionstropföler, die nach Belieben eingestellt werden können.

Die Saug- und Druckrohre der Pumpen vereinigen sich in einem Hauptsaug- und Druckwindkessel von 1000 mm Durchmesser und 6500 mm Höhe und führen von dort aus in die Druckleitung resp. in den Sammelbrunnen. Die Druckrohre sind alle für den erforderlichen Druck entsprechend kräftig dimensioniert, und der Druckwindkessel ist so hoch gehalten, daß ein hinreichendes Luftvolumen auch bei den Druckschwankungen während der Förderung von einer auf die andere Druckstufe stets gehalten werden kann. Vor dem Maschinenhaus ist in die Druckleitung noch eine Rückschlagklappe eingebaut, damit Rohrbrüche innerhalb des Maschinenraumes nicht eine Überschwemmung dieses Raumes zur Folge haben.

Der Windkessel selbst ist mit Wasserstandgläsern, Luftfüllvorrichtungen, Lufthähnen, Ablaßvorrichtungen, Manometer, Vakuummeter usw. versehen, damit alle Manipulationen, die zur Regelung und zur Beobachtung des Pumpenbetriebes erforderlich sind, vorgenommen werden können.

d) Die Hilfsmaschinenanlage besteht aus 1 2 PS-Motor, 1 Verbundkompressor, 1 Ventilator, Druckluftbehälter, Zwischenkühler, Ölabscheider, 2 Vakuumpumpen, 1 Rückkühlanlage und 1 Laufkranen.

Der stehende 2 PS-Spiritusmotor dient in erster Linie zum Antrieb eines Verbundkompressors, der direkt an das Gehäuse dieses Motors angeschraubt ist und ebenfalls direkt von der Kurbelwelle des Motors ohne jede Zwischenübersetzung seinen Antrieb erhält. Es wurde für diesen Motor Spiritus als Betriebsmittel gewählt, da kleine Motoren mit Sauggas nicht betrieben werden können und Spiritus, dessen Aufbewahrung nicht an besondere gewerbepolizeiliche Vorschriften geknüpft ist, einen sehr geeigneten Brennstoff für derartige Hilfsmaschinen bildet. Der Kompressor ist als Verbundkompressor ausgebildet, um diese Maschine nicht nur zur Schaffung der Druckluft für das Anlassen der Motoren sondern auch zum Auffüllen der Druckhauben der Pumpen und des Hauptwindkessels mit Druckluft benutzen zu können. Es ist gerade bei Pumpwerken mit Gasmotorenantrieb sehr wesentlich, daß sämtliche Windhauben und Windkessel vor dem Ansetzen der Pumpe genügend mit Luft gefüllt sind, da sich der Motor nicht so weit in der Tourenzahl reduzieren läßt, wie dies bei der Dampfmaschine der Fall ist, und daß die Pumpe deshalb mit ungefähr der vollen Leistung zu arbeiten beginnt. Um die lange Wassersäule in Bewegung zu setzen, sind verhältnismäßig hohe Überdrücke erforderlich, die um so größer werden, je kleiner das vor Ingangsetzen der Pumpe aufgespeicherte Luftvolumen ist. Infolgedessen wurde Wert darauf gelegt, die Hilfsmaschinen so einzurichten, daß die Druckluftbehälter an den Pumpen stets vor dem Ingangsetzen genügend mit Luft gefüllt werden können. Außerdem ist der Kompressor auch so eingerichtet, daß er zum Absaugen der Heberleitung benutzt werden kann.

Als Nebenapparate des Kompressors kommen in Betracht:

Ein Zwischenkühler, um die Luft zwischen der ersten und zweiten Druckstufe wieder auf die Anfangstemperatur zu bringen, und eine zu große Erwärmung derselben zu vermeiden.

Ein Luftentöler, welcher den Zweck hat, die komprimierte Luft von eventuell mitgerissenem Öl zu befreien, damit dasselbe nicht durch die Druckhauben und den Hauptwindkessel in das gepumpte Wasser gelangt.

Weiter kommt ein besonderer Druckwindkessel in Betracht, der bei den Motoren aufgestellt ist und dazu dient, die für das Anlassen der Motoren erforderliche Druckluft aufzuspeichern. Es genügt hierfür in der Regel ein Druck von 10 bis 12 Atm.

Zum Anblasen der Generatoren bei erstmaligem Ingangsetzen und vor jedesmaliger Inbetriebsetzung der Anlage nach einem Stillstand ist ein Ventilator angebracht, der ebenfalls durch den kleinen Motor vermittelst einer Hilfstransmission angetrieben werden kann.

Fig. 1. Maschinenanlage.

Fig. 2. Sauggasmotor.

Um während des Betriebes der Pumpen die Heberleitung dauernd entlüften zu können, sind, damit der Anlaßkompressor, der zum Absaugen dieser Leitung eingerichtet ist, nicht dauernd mitzulaufen braucht, auch an den Pumpen selbst kleine Vakuumpumpen angebracht, die konstant mitarbeiten und die sich absondernde Luft absaugen. Um bequem beobachten zu können, ob die Heberleitung vollständig entlüftet ist oder ob sich ein Luftsack gebildet hat, ist in dem Maschinenraum ein besonderes Rohr aufgestellt, das mit einem Wasserstandglas versehen ist und mit der Heberleitung direkt kommuniziert. Durch Beobachtung dieses Wasserstandes ist man jederzeit in der Lage, sich zu überzeugen, ob die Luft aus der Heberleitung vollständig abgesaugt ist.

Um zu vermeiden, daß bei zu kräftigem Absaugen in die Vakuumpumpen Wasser eingesaugt wird, ist die Absaugeleitung innerhalb des Maschinengebäudes an der Wand hochgeführt, so daß der höchste Punkt dieser Leitung mehr als 10 m über dem höchsten Saugwasserspiegel liegt.

Ferner sei noch die Rückkühlanlage erwähnt (Fig. 3), die den Zweck hat, die bisher allgemein übliche Kühlung der Motorenzylinder durch Kühlwasser, das aus der Druckleitung entnommen nach erfolgter Kühlung abfließt, zu ersetzen. Die letzte Art der Kühlung hat namentlich bei Hochdruckpumpwerken zweierlei Nachteile:

Einmal ist eine unnötige Kraftverschwendung mit ihr verbunden, denn man reduziert den Druck des Kühlwassers, das im vorliegenden Falle eine Druckspannung von im Durchschnitt 23 Atm. besitzt, vor dem Eintritt in den Kühlmantel des Motorzylinders durch Drosselung wiederum ganz erheblich, da ein derartig hoher Druck für den Zylindermantel naturgemäß schädlich wäre. Zweitens besteht aber auch die Gefahr, daß bei kalkhaltigem Wasser (das Leitungswasser besitzt in diesem Falle 18,2 deutsche Härtegrade) der Kühlraum sich nach und nach mit Kesselstein zusetzt, was für den Zylindermantel verhängnisvoll werden kann.

Aus diesen Gründen empfahl es sich, von der gewöhnlichen Art der Kühlung abzusehen bzw. dieselbe nur ausnahmsweise zu benützen und mit Rückkühlung zu arbeiten. Die Kühlschlange wurde nach einem neuen, von der Gasmotorenfabrik Deutz zum Patent angemeldeten Verfahren in den Sammelbrunnen gelegt. Für die Zirkulation des Kühlwassers sorgen 2 kleine Zentrifugalpumpen, die von der Haupttransmission angetrieben werden.

Wie erheblich die durch diese Art der Kühlung erzielte Ersparnis ist, geht aus nachstehender Berechnung hervor:

Bei der Wasserförderung in die Zone I und II mit 2 Maschinen lastet entsprechend den gewählten Rohrdimensionen auf den beiden Pumpen der Druck einer 212,62 m hohen Wassersäule. Läßt man dem Druckrohr in der Pumpstation 1 l Wasser pro Sekunde entströmen, so könnten hierdurch theoretisch $1 \cdot 212,62$ mkg pro Sekunde bzw. $\frac{212,62}{75}$ PS erzeugt werden.

Da für die Kühlung eines Motors stündlich etwa 2 cbm bzw. 0,55 Sek.-l Wasser erforderlich sind, so gehen durch die Kühlwasseranlage pro Maschine $\frac{212,62 \cdot 0,55}{75} = 1,56$ PS für beide Maschinen, also 3,12 PS verloren. Das Pumpen in die dritte Zone ergibt entsprechend der manometrischen Druckhöhe von 236,59 m den größeren Kraftverlust von $\frac{236,59 \cdot 0,55}{75} = 1,73$ PS pro Motor.

Eine Pumpe fördert stündlich 57,3 cbm Wasser bei einem Bedarf von 2 cbm Kühlwasser.

Zu dem im Kostenvoranschlag vorgesehenen Jahresbedarf von 244 375 cbm kommt demnach ein Kühlwasserbedarf von $\frac{2 \cdot 244\,375}{57,3} = 8530$ cbm hinzu.

Das Heben eines Kubikmeter Wassers in den Haupthochbehälter II erfordert (siehe Brennstoffbedarf S. 12) 0,465 kg Anthrazitkohlen. Bei einer Kühlwassermenge von 8530 cbm werden demnach ungefähr $8530 \cdot 0,465$ kg Anthrazitkohlen verbraucht. Bei einem Preis von M. 0,03 pro

2*

Kilogramm Anthrazitkohlen kostet demnach die Kühlung durch Wasser aus der Druckleitung jährlich an Kohlen: $8530 \cdot 0{,}465 \cdot 0{,}03 = 118{,}99$ M.

Außer dem Aufwand an Kohlen sind noch die Mehrkosten an Schmieröl, Abnützung der Motor- und Pumpenanlage zu berücksichtigen. Da außerdem die jährlich erforderliche Wassermenge von 244 375 cbm sich durch den Anschluß der Großabnehmer: Nieder- und Ober-Ingelheim, Schwabenheim, Essenheim und Wallertheim etc. ganz beträchtlich steigern wird, so wird durch die Rückkühlanlage eine nicht unerhebliche Ersparnis erzielt werden.

Das Kühlwasser hat in vorliegendem Falle pro PS-Std. durchschnittlich 1000 WE abzuführen.

Bei der völligen Inanspruchnahme der Leistungsfähigkeit eines Motors von 70 PS beträgt die an das Kühlwasser abzugebende Wärmemenge $70 \cdot 1000$ Kal. $= 70\,000$ Kal.

Diese stündlich erzeugte Wärmemenge eines Motors ist durch die Kühlschlange im Sammelbrunnen an die von einer Pumpe pro Stunde geförderte Wassermenge von 57,3 cbm abzugeben.

Hierbei werden sich die 57 300 l Kühlwasser um $\frac{70\,000}{57\,300} = 1{,}2$ ° C. erwärmen, was ganz unbedenklich ist.

Bei gleichzeitigem Betrieb von 2 Motoren und 2 Pumpen wird die Erwärmung noch geringfügiger sein, da dann in der Regel nur in die untere Druckzone gepumpt und die Motoren nicht voll beansprucht werden.

Statt in den Sammelbrunnen hätte die Kühlschlange auch in die Saug- oder Druckleitung, die man zu diesem Zwecke hätte an einer Stelle entsprechend erweitern müssen, oder in den Saug- bzw. Druckwindkessel gelegt werden können, doch erwies sich in vorliegendem Falle die Unterbringung im Sammelbrunnen als praktischer.

Ein Laufkran für Handbetrieb mit einer Tragkraft von 2000 kg bei 9,25 m Spannweite und 8 m Hubhöhe dient zur Revision und etwaigen Auswechslung der einzelnen Maschinenteile.

Der Brennstoffbedarf der Pumpwerksanlage wird sich nach den von der liefernden Firma gegebenen Garantien und unter Voraussetzung eines Heizmaterials von 8000 Kal. und höchstens 6 % Aschengehalt wie folgt stellen:

1. Bei Förderung von 32 Sek.-l auf 114,48 m mit 2 Maschinen leistet 1 kg Anthrazit 470 000 mkg, oder 1 cbm Wasser auf 114,48 gehoben erfordert 0,243 kg Anthrazit.

2. Bei Förderung von 32 Sek.-l auf 212,37 m mit 2 Maschinen leistet 1 kg Anthrazit 456 000 mkg, oder 1 cbm Wasser auf 212,37 m gehoben erfordert 0,465 kg Anthrazit.

3. Bei Förderung von 16 Sek.-l auf 237,59 m mit einer Maschine leistet 1 kg Anthrazit 510 000 mkg, oder 1 cbm Wasser auf 237,59 m gehoben erfordert 0,465 kg Anthrazit.

Der Brennstoffverbrauch für Durchbrennen und Anheizen ist hierbei nicht berücksichtigt.

5. Beleuchtungsanlage.

Es lag der Gedanke nahe, das gesamte Pumpwerksgebäude mit Maschinenhalle, Generatorraum, Werkstätte, Wohnungen für den Maschinenmeister und Hilfsmaschinisten, Kellerräumen und Nebengebäuden mit elektrischer Beleuchtung zu versehen, da die beiden Sauggasmotoren hinreichend Kraftüberschuß für diese Zwecke zu liefern imstande sind. Man entschloß sich daher zur Aufstellung einer Gleichstrom-Nebenschlußmaschine von ca. 2,75 KW Leistung bei 115/160 Volt Spannung, die ca. 1900 Umdrehungen pro Minute macht, von der Haupttransmission durch eine Riemenscheibe von 1500 PS angetrieben wird und einen Kraftaufwand von 4,8 PS erfordert. Die Maschine arbeitet praktisch funkenlos und verträgt vorübergehend große Überlastung, ohne sich dabei unzulässig zu erwärmen.

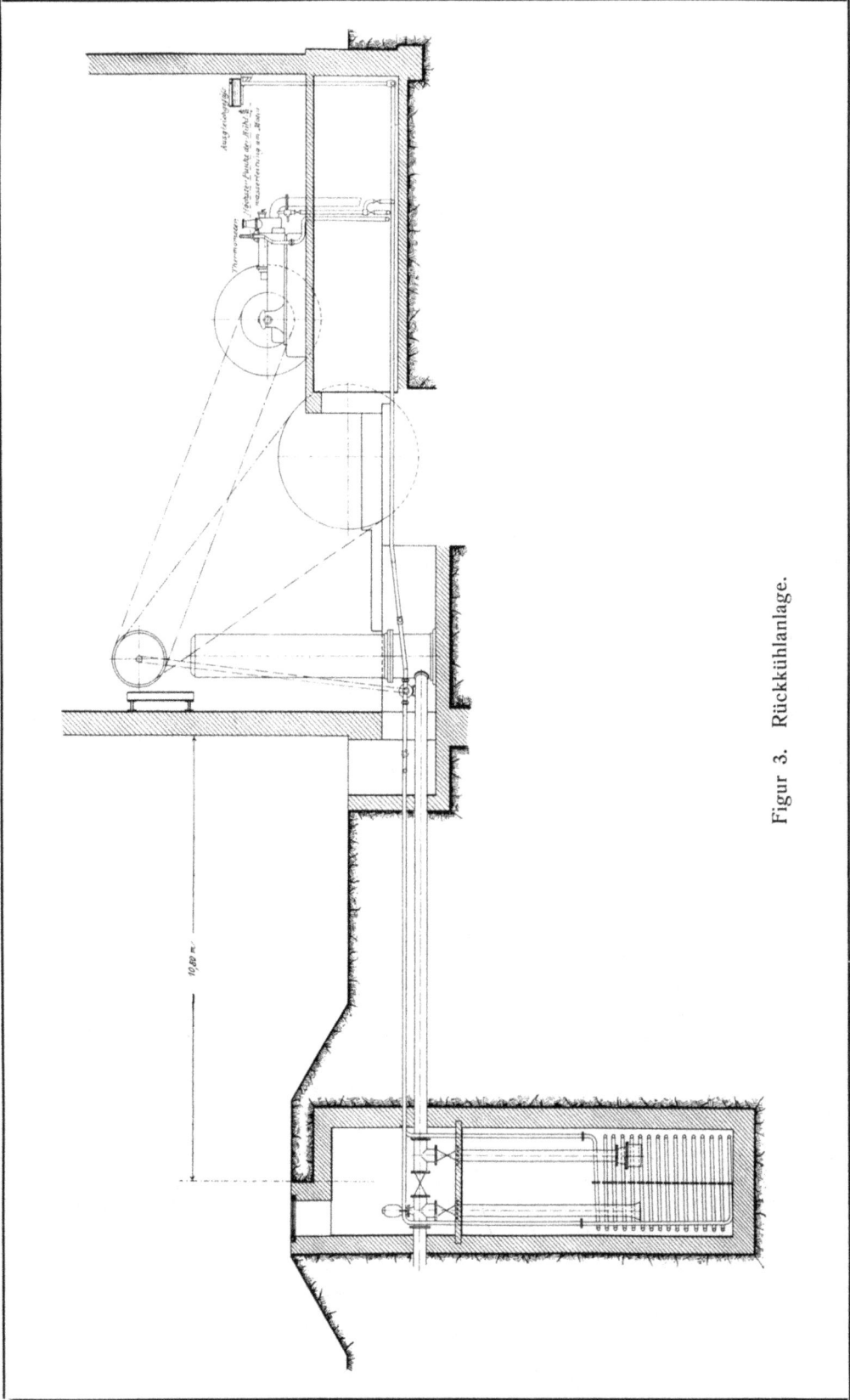

Figur 3. Rückkühlanlage.

Als Reserve und für den Nachtkonsum, bei Stillstand des Pumpwerkes, dient eine, aus 60, in Glasgefäßen eingebauten Elementen bestehende Akkumulatorenbatterie, die in einem mit wasserdicht asphaltiertem Boden versehenen Raum über der Werkstätte untergebracht ist. Die Batterie ist imstande, 22 Glühlampen à 16 NK 10 Stunden lang mit Licht zu versorgen.

Für die Schaltanlage wurde ein Doppelzellenschalter vorgesehen, so daß auch während der Ladung der Batterie ein Lichtkonsum stattfinden kann.

Zur Beleuchtung dienen 2 Bogenlampen in der Maschinenhalle und ca. 30 Glühlampen, die in den verschiedenen Räumen verteilt sind.

Von dem Plane auch eine Zentralheizungsanlage unter Benützung der Generatorfeuerung oder der Wärme der Auspuffgase einzurichten, mußte abgesehen werden, da über derartige Einrichtungen noch zu wenige Erfahrungen vorliegen.

6. Wasserstandsfernmelde- und Telephonanlage.

Die Haupthochbehälter II und III sind mit dem Pumpwerk durch einen elektrischen, von Stöcker & Co., Karlsruhe, ausgeführten Wasserstandsfernmelder verbunden, damit der Maschinenmeister eine stete Kontrolle über die Wasserstände in den beiden Behältern hat. Es wurde vorerst davon abgesehen, den Haupthochbehälter I ebenfalls an die Fernmeldeleitung anzuschließen, da anzunehmen ist, daß dieser Behälter nie leer wird, da ihm während der ganzen Dauer der täglichen Pumpzeit Wasser zugeführt wird.

In der Vorkammer der Haupthochbehälter II und III befindet sich in einem besonderen gußeisernen Pegelrohr je ein Wasserstandskontaktwerk mit Kupferschwimmer und Gegengewicht in wasserdichtem gußeisernen Gehäuse. Die 62 km lange Freileitung für Fernmelder und Telephon besteht aus Siliziumbronzedraht von 2 mm Durchmesser. Der Wasserstandsanzeigeapparat im Maschinenraum des Pumpwerkes ist mit Zeigerwerk und Zifferblatt zur Angabe der Wasserstandsschwankungen von 5 zu 5 cm und außerdem mit einer Registriertrommel für wöchentlichen Umlauf zur Diagrammaufzeichnung sowie einem Blitzableiter und Alarmwecker versehen.

Im Pumpwerk befinden sich außerdem die aus 12 Konstantiaelementen bestehende Zentralbatterie und eine desgleichen Reservebatterie.

Fernsprechstationen befinden sich in dem Büreau des Verbandsvorsitzenden in Wörrstadt, im Pumpwerk, in den Haupthochbehältern II und III und in dem Ortshochbehälter von Bubenheim und Vendersheim. Die Fernsprechapparate haben Lautsprechermikrophon, regulierbaren Präzisions-Fernhörer, Magnetinduktor für Fernbetrieb in Parallelschaltung, Morsekontakt, Wechselstromwecker, Induktionsspule für weite Entfernungen, selbsttätigen Umschalter, Blitzfänger und Schmelzsicherung zum Schutze gegen Starkstrom.

Die Apparate in den Vorkammern der Hochbehälter befinden sich in wasserdichten gußeisernen Gehäusen.

Bei den früher im Dienstbereiche der Großh. Kulturinspektion Mainz für Wasserwerke ausgeführten Fernmeldeanlagen war stets die Schaltung mit polarisierten Relais vorgesehen worden. Es hat sich jedoch herausgestellt, daß sich bei dieser Art der Schaltung leicht Störungen zeigen. Ein großer Nachteil besteht darin, daß im Hochbehälter eine Batterie und am Zeigerwerk die Gegenbatterie aufgestellt werden muß. Bei der großen Entfernung der Haupthochbehälter vom Pumpwerk wäre die in gewissen Zeitabschnitten nötige Reinigung und Revision der Hochbehälterbatterien zeitraubend und umständlich. Erfahrungsgemäß besitzen die in Hochbehältern aufgestellten Batterien, infolge der dort herrschenden Feuchtigkeit, verhältnismäßig nur kurze Lebensdauer. Es wurde aus diesen Gründen von polarisierten Relais in den einzelnen Behältern vollständig abgesehen und eine Zentralbatterie, die im Pumpwerk aufgestellt wurde, gewählt, der eine Reservebatterie in gleicher Größe beigegeben ist.

Hierdurch fallen Störungen, die durch die Relais vorkommen können, sowie deren Ein-regulierung fort, und die Stromquelle für die gesamte Anlage befindet sich an e i n e r Stelle. Als Vorzug dieser Anordnung ist auch noch zu betrachten, daß nicht wie bei der früheren Art der Schaltung das Werk beim Reinigen der Batterie außer Betrieb gesetzt und nach der Reinigung dem Wasserstand entsprechend das Kontaktwerk und Zeigerwerk wieder eingestellt werden muß. Soll eine Batterie gereinigt werden, so wird die Reservebatterie eingeschaltet und es arbeiten sämtliche Apparate ohne Unterbrechung weiter. Die Reservebatterie soll jedoch nicht nur während der Reinigung benützt werden, sondern beide Batterien sollen abwechselnd jede Woche die Stromlieferung übernehmen. Während dieser Zeit können sich die ausgeschalteten Elemente wieder erholen, wodurch ihre Lebensdauer günstig beeinflußt wird.

Die Apparate im Pumpwerk besitzen je einen Alarmwecker für Maximal- und Minimal-wasserstand in den Hochbehältern. Durch die automatische Einregulierung der Kontakt- und Zeiger-werke sind dieselben in der Lage, sich stets selbsttätig auf den Maximal- bzw. Minimalpunkt wieder einzustellen.

Es können deshalb selbst bei den schwersten atmosphärischen Entladungen nur Differenzen von verhältnismäßig kurzer Dauer auftreten, d. h. sich auf die Pumpzeit zwischen einem Minimal- und einem Maximalkontakt erstrecken.

7. Pumpwerksgebäude.

(Tafel VII und Fig. 4, 5 und 6.)

Das Pumpwerk ist in weißen Flonheimer Sandsteinen mit rauh gehaltener Schichtensteinfassade, die von Putzflächen unterbrochen ist, ausgeführt. Die mit eiserner Dachbinderkonstruktion und einer Rabitzwölbung überdeckte 15 m lange und 9,5 m breite Maschinenhalle ist im Mittel 9 m hoch.

Der Pumpenraum liegt 1,55 m tiefer als der Maschinenhausboden und ist durch eine 1,15 m breite Treppe mit diesem verbunden. Der Boden ist mit roten und die Wände auf 1,75 m Höhe mit weiß und gelben Mettlacherplatten bekleidet. An die Maschinenhalle schließen sich auf der einen Seite der Generatorraum, der Kohlenraum und die Werkstätte mit besonderem Ölraum an, während auf der anderen Seite durch einen Gang und das Treppenhaus getrennt ein Verwaltungszimmer und die aus drei Zimmern und Küche bestehende Wohnung des Maschinenmeisters liegt. Im Kniestock über diesen Räumen befindet sich die aus zwei Zimmern und Küche bestehende Wohnung des Hilfs-maschinisten. Das gesamte Wohngebäude und der höher gelegene Teil der Maschinenanlage sind unterkellert. In dem Kellerraum unter der Maschinenhalle befinden sich die verschiedenen Rohr-leitungen, Kessel und Auspufftöpfe der Sauggasmotorenanlage. Die Maschinenraum-, Generatorraum- und Werkstattfenster sind aus kräftigem Fensterprofileisen hergestellt. Die Wohnraumfenster besitzen herausstellbare Rolläden. Die Wandverkleidung in Generatorraum, Werkstätte und Gang besteht aus roten Verblendziegeln mit weißer Fugung. Das Dach ist mit roten Falzziegeln eingedeckt und mit Blitzableiteranlage versehen.

In einem besonderen Nebengebäude befinden sich ein größerer Raum zur Aufbewahrung von Werkzeugen und Vorratsteilen sowie Stallungen für den landwirtschaftlichen Betrieb des Maschinenmeisters.

Das Grundstück ist an der Vorderfront mit massiver Sandsteinmauer und an den drei an-deren Seiten mit Drahtgeflechtzaun eingefriedet.

An geeigneter Stelle ist in die Mauer ein architektonisch ausgebildeter Laufbrunnen ein-gebaut, um den in der Nähe auf den Feldern arbeitenden oder vorübergehenden Landleuten Gelegenheit zu geben, sich mit Trinkwasser zu versehen.

Fig. 4. Pumpwerksgebäude. Gesamtansicht.

8. Druckleitung und Druckzonen.

(Tafel II und VI.)

Bei der Trassierung der Druckleitung mußte außer auf die schwierigen Terrainverhältnisse in dem hügeligen Gelände auch auf die zahlreichen Weinberge Rücksicht genommen werden, um nicht zu hohe Kreszenzentschädigungen bezahlen zu müssen.

Es war aus diesem Grunde oft nicht möglich, mit der Leitung die kürzesten Wege einzuschlagen.

Der Betriebsdruck in der Druckleitung steigt bis zu 24 Atm., und man war daher gezwungen, wenigstens im unteren Teile der Leitung entweder verstärkte Gußeisenrohre oder Mannesmannrohre zu verlegen. Aus Ersparnisgründen entschloß man sich für letztere. Die Verlegung und Probepressung der Mannesmannrohre sowie die Inbetriebsetzung ist anstandslos vorübergegangen, und es haben sich namentlich die von vielen Seiten gehegten Befürchtungen, die Muffenverbindungen seien bei so hohem Druck nicht dicht zu bekommen, als unbegründet erwiesen. Die Preßproben erfolgten im unteren Teil der Leitung bei 30 Atm. Druck auf 15 Minuten Dauer. Der obere Teil der Druckleitung wurde mit entsprechend geringerem Drucke gepreßt.

In der Druckleitung mußten an 35 Stellen Entlüftungen und an 37 Stellen Entleerungsvorrichtungen angebracht werden. Rückschlagsklappen zur Verhinderung des Zurücktretens des Wassers aus einer oberen in eine untere Druckzone sind fünf an den im Lageplan (Tafel II) ersichtlichen Stellen angeordnet.

An neun Punkten, an denen die Druckleitung Bahnlinien kreuzt, mußten nach Vorschriften der Bahnverwaltung Überrohre zum Schutze der Bahnanlagen eingebaut werden.

Bachläufe und Überbrückungen wurden von der Druckleitung an 36 Stellen gekreuzt.

9. Hochbehälter.

Jede der drei Druckzonen besitzt einen Haupthochbehälter (Tafel VIII, Fig. 7, 8 und 9), aus denen sich die Ortshochbehälter mit Ausnahme derjenigen von Bubenheim und Stadecken füllen. Durch diese Anordnung wird erreicht, daß die Fallleitungen von den Behältern nach den Orten möglichst kurz und die Ortshochbehälter selbst möglichst klein werden, weil sie immer von dem Haupthochbehälter gefüllt gehalten werden und daher keine besondere Kammer für die Brandreserve brauchen.

Jeder Ortshochbehälter (Tafel IX, Fig. 10, 11, 12, 13, 14 und 15) besitzt an seinem Einlauf ein Schwimmerventil, das den Zulauf abschließt, wenn der Behälter gefüllt ist. Bei den Haupthochbehältern sind die selbsttätig wirkenden S c h w i m m e r e i n l a ß v e n t i l e als Doppelventile (Fig. 16) ausgebildet. In einen an zwei senkrechten Führungsstangen durch Rohrschellen auf den gewünschten Höchstwasserstand genau einstellbaren Kasten K taucht der das Haupteinlaßventil $V\ I$ öffnende und schließende Schwimmer $S\ I$. Am Boden des Kastens K befindet sich das Auslaßventil $V\ II$, das durch den Schwimmer $S\ II$ bedient wird, dessen Höhenstellung vom Wasserstand im Hochbehälter abhängig ist. Das Haupteinlaßventil $V\ I$ bleibt so lange voll geöffnet, bis sich der Hochbehälter bis zur Oberkante des Kastens K gefüllt hat, dann stürzt das Wasser über den oberen Rand in den Kasten, hebt den Schwimmer $S\ I$ und schließt das Haupteinlaßventil. Die Pumpen können nun so lange mit voller Leistung in den nächsthöheren Hochbehälter fördern, bis durch den regelmäßigen Verbrauch der Wasserspiegel im Behälter wieder so weit gefallen ist, daß Schwimmer $S\ II$ sich senkt, Ventil $V\ II$ öffnet und den Kasten entleert. Alsbald wird sich auch das Haupteinlaßventil wieder voll öffnen. Durch diese Anordnung wird vermieden, daß bei der Förderung in die oberen Haupthochbehälter, durch teilweises Öffnen der Haupteinlaßventile der tiefer gelegenen Hauptbehälter, der Gang des Pumpwerkes ungünstig beeinflußt wird.

Von den Ortshochbehältern besitzen nur die Behälter für Armsheim, Bubenheim und Stadecken eine Brandreserve. Der erste, weil der Ort Armsheim ausnahmsweise weit vom zugehörigen Haupthochbehälter entfernt liegt, und die beiden letzten, da sie nicht von einem Haupthochbehälter gespeist werden, sondern direkt an die Druckleitung angeschlossen sind.

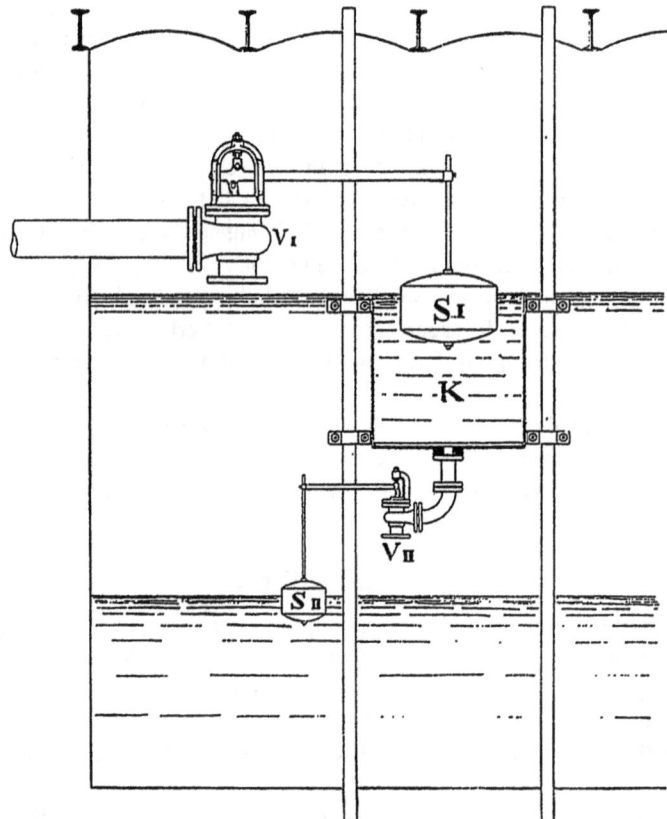

Figur 16.

Haupteinlaßventil mit Doppelschwimmer für Hochbehälter.

Die Fassaden der Vorkammern sämtlicher Hochbehälter sind in Flonheimer Sandsteinen ausgeführt, die Behälter selbst aus Zementbeton mit zwischen I-Trägern eingestampften flachen Decken. Als Mischungsverhältnis waren für die Wände 1 Teil Zement, 3 Teile Rheinsand und 6 Teile Rheinkies, für die Sohle 1 : 4 : 8 und für die Decken 1 : 2$\frac{1}{2}$: 5, vorgeschrieben.

Um das Innere der Behälter, namentlich über den Schwimmereinlaßventilen, zu erhellen, wurden Lichtschächte angeordnet, die mit 3 cm starken, in Winkeleisenrahmen fest eingekitteten Rohglasplatten verschlossen sind.

Sämtliche Ortshochbehälter erhielten in die Fällleitungen eingebaute kombinierte Hauptwassermesser zur Bestimmung der jedem Orte zufließenden Wassermengen.

Die Behälter sind mit einer Umzäunung aus Drahtgeflecht und I-Eisenständern umgeben.

Fig. 5. Pumpwerksgebäude, Seitenansicht.

Der Fassungsraum und die Zahl der Kammern der einzelnen Behälter ist aus nachstehender Zusammenstellung ersichtlich:

Lfde. Nr.	Bezeichnung	Inhalt cbm	Kammer-zahl
1	Haupthochbehälter I	250	2
2	„ II	600	2
3	„ III	350	2
4	Ortsbehälter Stadecken	150	2
5	„ Armsheim	150	2
6	„ Bubenheim	120	2
7	„ Wörrstadt	100	1
8	„ Nieder-Saulheim	70	1
9	„ Ober-Saulheim	70	1
10	„ Nieder-Hilbersheim	70	1
11	„ Engelstadt	70	1
12	„ Jugenheim	70	1
13	„ Partenheim	70	1
14	„ Vendersheim	70	1
15	„ Gau-Weinheim	70	1
16	„ Gau-Bickelheim	70	1
17	„ Sulzheim	70	1
18	„ Eichloch	70	1
19	„ Spiesheim	70	1
20	„ Ensheim	70	1

10. Fallleitungen und Ortsleitungen.

Die Fallleitungen von den Behältern nach den Orten sind in normalen gußeisernen Rohren ausgeführt und so reichlich bemessen, daß sie in jedem Falle zum mindesten sekundlich 8 l bei kleineren und 12 l bei größeren Orten dem Ortsrohrnetz zuzuführen vermögen. Die Ortsrohrnetze einschließlich der Anschlußleitungen für die Grundstücke sind ebenfalls in Gußeisenrohren hergestellt. Für die Anschlußleitungen wurden durchgehends 40 mm weite Rohre verwendet. Die Straßenrohre wurden für die Anschlüsse nicht angebohrt, sondern von vornherein für jedes Grundstück, ob sein Besitzer den Anschluß angemeldet hat oder nicht, ein Abgangstück (A Stück) in die Straßenleitung eingebaut.

Die Ortsrohrnetze wurden reichlich mit Absperrschieber und wo nötig mit Entleerungsvorrichtungen versehen. Feuerlöschhydranten wurden in Abständen von 60 bis 70 m angeordnet und auf nach oben gehenden Abgängen direkt auf die Straßenleitung aufgesetzt.

Besondere Absperrschieber erhielten die Anschlußleitungen für die Grundstücke nicht, sondern es sind lediglich Absperrhähne in den Grundstücken vor den Wassermessern eingebaut worden.

Man ist im Inspektionsbezirk von der Anbringung von Absperrschiebern in den Anschlußleitungen für die Gebäude gänzlich abgekommen, da sie so gut wie gar keinen Zweck haben, ziemlich teuer sind und sich in der Straßenoberfläche unangenehm bemerkbar machen.

.   Alle Anschlüsse erhielten Wassermesser, für die das Naßläufersystem Andrae, Stuttgart, gewählt wurde. Der mittlere Leitungsdruck schwankt in den einzelnen Ortschaften zwischen 3 und 5 Atm. Der Höhenplan (Tafel VI) gibt im einzelnen über die Druckverhältnisse Aufschluß.

Die Berechnung der Druckverluste und der Drucklinien erfolgte nach der auf Grund der Dacyschen Formel berechneten Tabelle (Tafel X). Die erhaltenen Zahlen wurden mit Rücksicht auf eine wahrscheinliche im Laufe der Zeit allmählich eintretende Inkrustierung des Rohrinnern doppelt in Rechnung gesetzt. Die Länge der Ortsrohrleitungen, die Anzahl der Schieber, Hydranten und Anschlußleitungen ist aus der nachstehenden Zusammenstellung, die auch die Volks- und Viehzahlen nach den neuesten Zählungen enthält, ersichtlich.

Lfde. Nr.	Name der Gemeinde	Einwohner-zahl	Pferde	Rind-vieh	Schweine	Ziegen und Schafe	Länge der Ortsleitung einschl. der Anschluß-leitungen	Anzahl der Schieber Stück	Anzahl der Hydranten Stück	Anzahl der Anschluß-leitungen
1	Armsheim	1 132	110	510	298	180	5 646,00	29	45	180
2	Bubenheim	502	63	415	183	85	2 245,55	12	18	118
3	Eichloch	480	28	251	168	84	2 141,85	13	18	72
4	Engelstadt	624	67	330	285	123	3 042,65	15	22	142
5	Ensheim	480	41	234	177	50	2 997,90	26	27	102
6	Gau-Bickelheim . .	1 260	103	588	349	246	5 744,80	45	53	168
7	Gau-Weinheim . . .	505	44	279	188	86	1 721,90	9	15	62
8	Jugenheim	1 088	79	422	259	190	4 133,95	23	30	184
9	Nieder-Hilbersheim .	478	37	291	176	66	2 078,60	17	17	82
10	Nieder-Saulheim . .	2 124	187	1 050	620	334	8 176,60	41	63	358
11	Ober-Saulheim . . .	676	66	381	271	104	1 906,00	16	22	52
12	Partenheim	1 011	92	534	279	208	4 199,35	19	27	186
13	Schimsheim	278	22	114	64	75	1 346,75	9	12	27
14	Spiesheim	757	75	507	404	71	3 962,40	24	32	131
15	Stadecken	1 041	99	616	291	148	4 709,60	19	30	212
16	Sulzheim	708	60	364	259	164	2 844,90	17	26	121
17	Vendersheim	516	46	297	167	83	2 041,75	12	15	98
18	Wörrstadt	2 397	141	666	1 079	364	9 192,90	57	76	301
	zusammen	16 057	1 360	7 855	5 517	2 661	68 133,45	403	548	2 596

Außer den obigen 68 133 m Ortsleitungen wurden noch 8845 m Fallleitungen verlegt, so daß sich die Gesamtlänge der Rohrleitung auf rund 131 315 m beläuft.

11. Voranschlag und Rentabilitätsberechnung.

Die gesamten Baukosten für das Gruppenwasserwerk waren wie folgt veranschlagt:

Fig. 7. Haupthochbehälter II.

Lfde. Nr.	Gegenstand der Veranschlagung	Anzahl	Preis-einheit		Geldbetrag			
					im einzelnen		im ganzen	
			ℳ	₰	ℳ	₰	ℳ	₰
	Kostenanschlag.							
	Titel I. Wasserfassungsanlage.							
1	**5 Filterbrunnen** mit Röhrenfahrt von 1,00 m l. Weite auf Tiefe von ca. 14,0 m Filter aus verzinktem Schmiedeeisen 50 cm weit, mit Schlitzlochun g. Kiesmantel um die Filterrohre	Stück 5	1 300	00	6 500	00		
2	**5 Einsteigschächte** zu den Filterbrunnen von 1,20 m lichter Weite und 2,80 m Tiefe	5	90	00	450	00		
3	**Betonboden** in die Schächte der Filterbrunnen . .	5	18	00	90	00		
4	Wasserdichter **Zementverputz** der Außenflächen der Schächte pro Schacht 8,0 qm à M. 2,50 = M. 20,00	5	20	00	100	00		
5	**Erdaushub** für die Schächte, Hinterfüllung und Planierung	5	9	00	45	00		
6	Ausführung eines **Senkbrunnens** von 2,30 m l. Weite und 30 cm Wandstärke in Radialsteinen	lfde. m 14	200	00	2 800	00		
7	**Schneiderost** für den Senkbrunnen nebst Führungsstangen	Stück 1			450	00		
8	**Einsteigleitern** für die Filterbrunnenschächte und den Senkbrunnen	kg 350	0	35	122	50		
9	Dreiwöchiger **Pumpversuch** mit Lokomobile und Zentrifugalpumpe				1 386	00		
10	Schlagen von 6 **Beobachtungsrohrbrunnen** von 50 mm l. Weite				230	65		
11	**Bodenuntersuchung** durch Abbohren des Terrains . .				650	00		
12	Lieferung und Verlegung der **gußeisernen Röhren** für die Heberleitung	lfde. m						
	10 lfde. m von 250 mm l. Weite	10,0	10	00	100	00		
	200 „ „ 175 „ „ „	200,0	7	30	1 460	00		
	240 „ „ 125 „ „ „	240,0	5	00	1 200	00		
13	Aushebung und Wiederzufüllung der **Rohrgräben** auf 1,70 m Tiefe	450,0	1	00	450	00		
14	**Ausrüstung der 5 Filterbrunnen**, je 10,0 m Flanschenröhren von 125 mm l. Weite	50	6	00	300	00		
	je 1 Schieber mit Handrad und horizontalem Räderzeigewerk von 125 mm l. Weite .	Stück 5	50	00	250	00		
	je 1 Fußventil mit Saugkorb von 125 mm l. Weite	5	40	00	200	00		
	je 1 Flanschenkrümmer von 125 mm l. Weite	5	7	00	35	00		
	zu übertragen:				16 819	15		

3*

Lfde. Nr.	Gegenstand der Veranschlagung	Anzahl	Preis-einheit		Geldbetrag			
					im einzelnen		im ganzen	
			$\mathcal{M}$	$\mathcal{S}$	$\mathcal{M}$	$\mathcal{S}$	$\mathcal{M}$	$\mathcal{S}$
	Übertrag:				16 819	15		
15	**Ausrüstung des Sammelbrunnens:**	lfde. m						
	2 × 10 m Flanschenröhren von 250 mm l. Weite	20,0	15	00	300	00		
		Stück						
	3 Schieber von 250 mm l. Weite	3	100	00	300	00		
	1 Windkessel von 25 l. Inhalt	1	20	00	20	00		
	1 Fußventil mit Saugkorb	1	100	00	100	00		
	2 T-Stücke von 250 mm l. Weite	2	26	00	52	00		
	1 Flanschenkrümmer von 250 mm l. Weite .	1	17	00	17	00		
16	**6 Schachtdeckel**, 2 teilig	6	80	00	480	00		
17	Erwerb des erforderlichen **Geländes** für die Wasserfassungsanlage und die Pumpstation	qm 4 000	0	70	2 800	00		
	Sa. Titel I. Wasserfassungsanlage:				20 888	15		
	Titel II. Pumpstation.							
	a) Bau eines Maschinenhauses und Nebengebäudes.							
18	Bau eines **Maschinenhauses:**							
	a) Erd- und Maurerarbeiten				24 093	25		
	b) Zimmerarbeiten				4 558	00		
	c) Dachdeckerarbeiten				2 437	50		
	d) Tüncher- und Anstreicherarbeiten . . .				3 401	00		
	e) Spenglerarbeiten				345	60		
	f) Schreinerarbeiten				1 409	90		
	g) Glaserarbeiten				1 327	50		
	h) Schlosserarbeiten				1 970	00		
	i) Verschiedenes				457	25		
					40 000	00		
19	Errichtung eines **Nebengebäudes**				2 000	00		
	Sa. Titel II a. Bau eines Maschinenhauses:						42 000	00
	b) Maschinenanlage.							
20	1 komplette **Sauggeneratorgasanlage** für zwei 70 PS-Motoren				6 750	00		
21	2 komplette liegende **Einzylindermotoren** von je 70 PS	Stück 2	15 500	00	31 000	00		
22	**Druckluftanlaßvorrichtung**				2000	00		
23	**Rohrleitung** zu den Motoren, Entlüftungsleitung der Gaszuleitung				1 400	00		
24	**Transmission**				7 115	00		
25	**2 Differential-Plungerpumpen**				20 000	00		
26	**Laufkran**				2 600	00		
	zu übertragen:				70 865	00		

Fig. 8. Haupthochbehälter I.

Fig. 9. Haupthochbehälter III.

Lfde. Nr.	Gegenstand der Veranschlagung	Anzahl	Preis-einheit		Geldbetrag			
					im einzelnen		im ganzen	
			ℳ	₰	ℳ	₰	ℳ	₰
	Übertrag:				70 865	00	42 000	00
27	**Schutzgeländer**				870	00		
28	**Reservetelle** und **Werkzeuge**				750	00		
29	**Fracht** und **Montage**				6 700	00		
	Sa. Titel II b. Maschinenanlage:						79 185	00
	Sa. Titel II. Pumpstation:						121 185	00
	Titel III. Hochbehälter.							
	a) Haupthochbehälter I, mit 250 cbm Nutzinhalt.							
30	**Erdaushub** und Wiederaufdeckung auf den Behälter und Planierung	cbm 264,0	2	00	528	00		
31	**Herstellen** des **Behälters** aus Stampfbeton 1:3:6 . .	220,0	22	00	4 840	00		
32	**Wasserdlohter Zementverputz** der vom Wasser berührten Flächen in Mischung 1:1	qm 367,0	2	00	734	00		
33	Abgeriebener **Zementverputz** für die Decken in Mischung 1:3	351,0	1	50	526	50		
34	Herstellen von **Schichtenmauerwerk** aus Flonheimer Steinen in Zementmörtel 1:4, nebst Ausfugen .	cbm 61,0	20	00	1 220	00		
35	Liefern und Versetzen der **Hausteine**	3,50	120	00	420	00		
36	Liefern und Verlegen der **T-Träger**	kg 4 200	0	17	714	00		
37	Erwerb des erforderlichen **Geländes**	qm 400,00	0	70	280	00		
38	Umzäunung des Behälters	lfde. m 80,0	4	00	320	00		
	Sa. Haupthochbehälter I:						9 582	50
39	b) Haupthochbehälter II. 600 cbm Nutzinhalt						19 160	40
40	c) Haupthochbehälter III. 350 cbm Nutzinhalt						13 749	60
41	d) Hochbehälter Bubenheim. 120 cbm Inhalt						6 263	20
42	e) Hochbehälter Stadecken. 150 cbm Inhalt						7 075	20
43	f) Ortsbehälter Armsheim. 100 cbm Inhalt						6 286	10
44	g) Ortsbehälter Wörrstadt. 100 cbm Inhalt						5 478	50
	zu übertragen:						67 595	50

Lfde. Nr.	Gegenstand der Veranschlagung	Anzahl	Preis-einheit		Geldbetrag			
					im einzelnen		im ganzen	
			ℳ	₰	ℳ	₰	ℳ	₰
	Übertrag:						67 595	50
45	h) Ortshochbehälter für die Orte:							
	1. Nieder-Hilbersheim							
	2. Engelstadt							
	3. Jugenheim							
	4. Partenheim							
	5. Vendersheim							
	6. Gau-Weinheim							
	7. Gau-Bickelheim							
	8. Schimsheim							
	9. Sulzheim							
	10. Eichloch							
	11. Ensheim							
	12. Spiesheim							
	13. Nieder-Saulheim und							
	14. Ober-Saulheim.							
	14 Behälter von je 70 cbm Nutzinhalt . . .						63 917	00
	Sa. Titel III. Hochbehälter:						131 512	50
	Titel IV. Rohrleitung und Zubehör.							
	a) Rohrgrabenherstellung.							
46	**Rohrgräben** für die **Doppelrohrleitungen**, Druckleitungen 1,80 m und die Fallleitungen 1,50 m Deckung . .	lfde. m 4 100,0	1	40	5 740	00		
47	**Rohrgräben** für die **Einzelrohrleitungen** und Leerläufe	113 154 cbm	0	90	101 838	60		
48	**Mehrtiefen** über 1,80 m Tiefe	2 000	1	00	2 000	00		
49	Lösen von **Felsen** und festem Mauerwerk	600	3	00	1 800	00		
50	Aufbrechen und Wiederherstellen der **Chaussierung** .	lfde. m 51 000	0	25	12 750	00		
51	Aufbrechen und Wiederherstellen des **Pflasters** . .	qm 4 340	1	00	4 340	00		
52	Zuschlag für Aufbrechen und Wiederherstellen der Straßen mit **befestigter Oberfläche**	lfde. m 40 511	0	15	6 076	65		
53	Durchbrechen und Wiederherstellen der **Mauern** bei den Anschlußleitungen	1 500	3	50	5 250	00		
54	**Wassermesserschächte** für die kombinierten Wasser-messer im Fallleitungen; 1,20 m Länge, 1,00 Breite und 2,00 m Tiefe	Stück 2	203	50	407	00		
	Sa. Titel IVª. Rohrgrabenherstellung:						140 202	25
	b) Rohrleitungen.							
	α) Druckleitungen.							
55	Lieferung und Verlegung von **Mannesmannstahlmuffen-röhren**, unter Beigabe aller Formstücke wie A,							
	zu übertragen:						140 202	25

Fig. 10. Ortshochbehälter für Wörrstadt.

Fig. 11. Ortshochbehälter für Nieder-Saulheim.

Lfde. Nr.	Gegenstand der Veranschlagung	Anzahl	Preis-einheit		Geldbetrag			
					im einzelnen		im ganzen	
			ℳ	₰	ℳ	₰	ℳ	₰
	Übertrag:						140 202	25
	B, R, K, U, F-Stücke, Blindflanschen, Stopfen usw.:	lfde. m						
	a) Lichtweite $d = 250$ mm	12 540	11	00	137 940	00		
	b) „ $d = 200$ „	4 850	8	50	41 225	00		
	c) „ $d = 175$ „	7 933	7	20	57 117	60		
	d) „ $d = 125$ „	7 955	4	90	38 979	50		
	e) „ $d = 100$ „	2 870	3	80	10 906	00		
	f) „ $d = 80$ „	1 530	3	30	5 049	00		
	g) „ $d = 70$ „	5 508	2	90	15 973	20		
	h) „ $d = 60$ „	3 325	2	70	8 977	50		
	i) „ $d = 50$ „	6 463	2	50	16 157	50		
56	Zuschlag für **Flanschenabgänge** (A-Stücke) in der Druckleitung:	Stück						
	a) Lichtweite 250/125	1	13	00	13	00		
	b) „ 250/100	5	12	50	62	50		
	c) „ 250/60	6	12	00	72	00		
	d) „ 250/50	1	12	00	12	00		
	e) „ 200/100	1	10	00	10	00		
	f) „ 200/60	4	10	00	40	00		
	g) „ 200/50	3	10	00	30	00		
	h) „ 175/80	3	9	00	27	00		
	i) „ 175/60	2	9	00	18	00		
	k) „ 175/50	2	9	00	18	00		
	l) „ 125/80	5	7	00	35	00		
	m) „ 125/60	4	6	00	24	00		
	n) „ 100/60	1	4	50	4	50		
	o) „ 100/50	2	4	50	9	00		
	p) „ 80/60	1	3	00	3	00		
	q) „ 70/60	5	3	00	15	00		
	r) „ 70/50	2	3	00	6	00		
	s) „ 60/60	1	3	00	3	00		
	t) „ 60/50	2	2	80	5	60		
	u) „ 50/50	3	2	80	8	40		
57	Liefern und Einbauen von **Rückschlagklappen** von:							
	a) $d = 250$ mm	2	115	00	230	00		
	b) $d = 175$ „	1	70	00	70	00		
	c) $d = 125$ „	3	40	00	120	00		
58	Liefern und Einbauen von doppelt abschließenden **Normalabsperrschiebern** mit Einbaugarnitur für die Lichtweiten der Hauptrohre von:							
	a) $d = 250$ mm	2	100	00	200	00		
	b) $d = 175$ „	2	60	00	120	00		
	c) $d = 125$ „	2	42	00	84	00		
	d) $d = 100$ „	7	34	00	238	00		
	e) $d = 80$ „	8	28	00	224	00		
	zu übertragen:				334 027	30	140 202	25

Lfde. Nr.	Gegenstand der Veranschlagung	Anzahl	Preis- einheit		Geldbetrag			
			ℳ	₰	im einzelnen ℳ	₰	im ganzen ℳ	₰
		Stück						
	Übertrag:				334 027	30	140 202	25
	f) $d = 70$ mm	2	25	00	50	00		
	g) $d = 60$ „	5	23	00	115	00		
	h) $d = 50$ „	13	21	00	273	00		
	Sa. Titel IV b. α) Druckleitungen:						334 465	30
	β) Fallleitungen.							
59	**Gußeiserne Normalmuffenröhren** samt Beigabe der Form-stücke wie A, E, F, K, R, U und B - Stücke, Blind-flanschen, Stopfen usw.							
		lfde. m						
	a) für Lichtweite $d = 175$ mm	1 922	7	50	14 415	00		
	b) „ „ $d = 150$ „	2 830	6	00	16 980	00		
	c) „ „ $d = 125$ „	12 025	4	90	58 922	50		
	d) „ „ $d = 100$ „	14 449	3	80	54 906	20		
	e) „ „ $d = 80$ „	20 104	3	30	66 343	20		
	f) „ „ $d = 40$ „	18 550	2	30	42 665	00		
60	Zuschlag f. **Flanschenabgänge** f. die Anschlußleitungen.	Stück						
	a) für Lichtweite 175/40	27	9	00	243	00		
	b) „ „ 150/40	60	8	50	510	00		
	c) „ „ 125/40	338	7	35	2 483	30		
	d) „ „ 100/40	931	6	30	5 865	30		
	e) „ „ 80/40	1294	5	00	6 470	00		
61	Zuschlag für **Flanschenabgänge** für die Hydranten-entleerungen und Straßenabgänge.							
	a) Lichtweite $d = 175/80$	3	9	00	27	00		
	b) „ $d = 150/125$	1	9	00	9	00		
	c) „ $d = 150/100$	1	8	00	8	00		
	d) „ $d = 150/80$	9	8	00	72	00		
	e) „ $d = 125/125$	1	7	00	7	00		
	f) „ $d = 125/100$	10	7	00	70	00		
	g) „ $d = 125/80$	61	7	00	427	00		
	h) „ $d = 125/60$	2	6	00	12	00		
	i) „ $d = 100/100$	5	5	00	25	00		
	k) „ $d = 100/80$	144	4	50	648	00		
	l) „ $d = 80/80$	212	3	50	742	00		
62	Liefern und Einbauen von **Teilkugeln** mit 80 mm Hydrantenabgang und drei oder vier Muffen- oder Flanschenabgängen	173	20	00	3 460	00		
63	**Normalunterflurhydranten** von 80 mm Weite	531	35	00	18 585	00		
64	**Normalabsperrschieber** wie Pos. 58 zu liefern und ein-zubauen für Lichtweiten von $d = 175$ mm . . .	2	60	00	120	00		
	$d = 150$ „ . . .	4	50	00	200	00		
	$d = 125$ „ . . .	25	42	00	1 050	00		
	$d = 100$ „ . . .	106	34	00	3 604	00		
	$d = 80$ „ . . .	239	28	00	6 692	00		
	$d = 40$ „ . . .	12	20	00	240	00		
	zu übertragen:				305 801	50	474 667	55

Fig. 12. Ortshochbehälter für Sulzheim.

Fig. 13. Ortshochbehälter für Nied.-Hilbersheim.

Lfde. Nr.	Gegenstand der Veranschlagung	Anzahl	Preis-einheit		Geldbetrag			
					im einzelnen		im ganzen	
			$\mathscr{M}$	$\mathfrak{Z}$	$\mathscr{M}$	$\mathfrak{Z}$	$\mathscr{M}$	$\mathfrak{Z}$
	Übertrag:	Stück			305 801	50	474 667	55
65	**Schieber- und Hydrantenschlüssel**	70	5	00	350	00		
66	Liefern und Anbringen von **Schieber- und Hydranten-schildern**	955	2	00	1910	00		
67	Lieferung und Einbauung von **gußeisernen E-Stücken** von 1,0 m Baulänge und 40 mm l. Weite zum Durchgang durch die Mauern der Gebäude bei den Anschlußleitungen	2650	2	50	6,625	00		
68	Lieferung und Einbauung von **Ventildurchgangshähnen** in Rotguß von $d = 20$ mm	2500	3	10	7750	00		
	$d = 25$ „	130	4	40	572	00		
	$d = 30$ „	20	8	00	160	00		
69	Liefern und Einbauen von **Entleerungshähnen** von 10 mm l. Weite mit T-Stücken für die Leitungen von							
	$d = 20$ mm	2500	1	90	4750	00		
	$d = 25$ „	130	2	00	260	00		
	$d = 30$ „	20	2	20	44	00		
70	Liefern und Einbauen von **Ventilluftschrauben** mit Ein-baugarnitur, auf 80 mm Abgang montiert . . .	22	18	00	396	00		
71	**Bahnunterführungen** einschließl. Lieferung des Schieber-schachtes nebst Abdeckung	6	450	00	2700	00		
72	Liefern der **Wassermesser** von							
	$d = 15$ mm	2500	24	00	60 000	00		
	$d = 20$ „	130	27	00	3 510	00		
	$d = 25$ „	20	30	00	600	00		
	$d = 30$ „	15	36	00	540	00		
	$d = 40$ „	1	50	00	50	00		
	kombinierte Wassermesser von $d = 100/25$ mm . .	2	250	00	500	00		
73	**Einbauen** der vorbenannten Wassermesser für							
	$d = 15$ mm	2500	1	20	3000	00		
	$d = 20$ „	130	1	50	195	00		
	$d = 25$ „	20	1	70	34	00		
	$d = 30$ „	15	2	00	30	00		
	$d = 40$ „	1	2	50	2	50		
	kombinierte Wassermesser $d = 100/25$ mm . . .	2	5	50	11	00		
74	Liefern und Einbauen von **galvanisierten schmied-eisernen Röhren** einschließlich der Bogenstücke etc. für das Einbauen der Wassermesser von	lfde. m						
	20 mm l. Weite	2500	1	70	4250	00		
	25 „ „ „	130	2	10	273	00		
	30 „ „ „	20	2	60	52	00		
75	Liefern und Einbauen von **Schlammkästen** mit einem Flanschenabgang von 60 mm l. Weite und zwei Muffenabgängen	Stück 12	30	00	360	00		
	zu übertragen:				404 726	00	474 667	55

Lfde. Nr.	Gegenstand der Veranschlagung	Anzahl	Preis-einheit		Geldbetrag			
					im einzelnen		im ganzen	
			$\mathcal{M}$	$\mathcal{S}$	$\mathcal{M}$	$\mathcal{S}$	$\mathcal{M}$	$\mathcal{S}$
	Übertrag:				404 726	00	474 667	55
76	Zuschlag für **Bachunterführungen**				1 000	00		
77	**Ständer** für Schieber, Hydranten und Luftschrauben-schilder einschl. Betonklotz	Stück 80	13	00	1 040	00		
78	**Zweiarmige Standrohre** von 70 mm l. Weite zu liefern	23	75	00	1 725	00		
79	**Einarmige Standrohre** von 70 mm l. Weite zu liefern .	19	42	00	798	00		
	Sa. Titel IVᵇ. β) Fallleitungen:						409 289	00
	Sa. Titel IV Rohrleitungen und Zubehör:						883 956	55
	Titel V. Ausrüstungen der Behälter.							
80	Liefern und Einbauen der Armaturen für die Be-hälter **Bubenheim, Stadecken** und **Armsheim** nebst Schwimmerventilen, Luftrohren etc.				3 600	00		
81	desgl. für **Haupthochbehälter I**				1 600	00		
82	desgl. für **Haupthochbehälter II**				2 200	00		
83	desgl. für **Haupthochbehälter III**				1 800	00		
84	desgl. für die **Ortsbehälter** außer Stadecken, Buben-heim und Armsheim	15	600	00	9 000	00		
85	**Leerläufe** aus glasierten Steinzeugröhren einschl. des Rohrgrabens durchschn. 1,50 m Tiefe	lfde. m						
	$d = 200$ mm	400	5	00	2 000	00		
	$d = 150$ „	300	3	50	1 050	00		
	Sa. Titel V. Ausrüstungen der Behälter:						21 250	00
86	**Titel VI. Werkzeuge und Vorratsteile.**						6 000	00
	Titel VII. Kanalisation am Pumpwerk.							
87	Für die Entwässerung des Pumpwerksgebäudes . .				1 500	00		
	Sa. Titel VII. Kanalisation am Pumpwerk:						1 500	00
	Titel VIII. Wasserstandsfernmelder und Telephonanlage.							
		Stück						
88	**2 Kontaktwerke**	2	30	00	60	00		
89	**2 Kontakte** für Voll und Leer (Signalglocken) . . .	2	30	00	60	00		
90	**2 Zeigerwerke** in Eichenholzschrank	2	110	00	220	00		
91	**2 Signaleinrichtungen** für das Maschinenhaus	2	30	00	60	00		
92	**Elemente** für die verschiedenen Batterien				200	00		
93	**Freileitungen** an ca. 7 m hohen Holzmasten	km ca. 25	250	00	6 500	00		
	zu übertragen:				7 100	00		

Fig. 14. Ortshochbehälter für Vendersheim.

Fig. 15. Ortshochbehälter für Gau-Weinheim.

Lfde. Nr.	Gegenstand der Veranschlagung	Anzahl	Preis-einheit		Geldbetrag			
					im einzelnen		im ganzen	
			ℳ	₰	ℳ	₰	ℳ	₰
	Übertrag:				7 100	00		
94	**Telephonleitung**				600	00		
95	**Blitzschutzvorrichtungen**				200	00		
96	**2 eiserne Stangen** auf die Haupthochbehälter II und III, als Flaggenmast ausgebildet	Stück 2	75	00	150	00		
97	**Elektrischer Wasserstandsanzeiger** für den Saugbrunnen	1			200	00		
	Sa. Titel VIII. Fernmelderanlage:						8 250	00
	Titel IX. Insgemein.							
98	An **Zinsverlust** (Bauzwischenzinsen) bei Aufnahme des Anlagekapitals rd.				20 000	00		
99	Für eine eventuelle **Enteisenungsanlage**				25 000	00		
100	Für **unvorhergesehene Arbeiten** und Lieferungen, Projekt-aufstellung, Bauaufsicht, Vermessungen und Ab-rechnung und zur Abrundung				60 957	80		
	Sa. Titel IX. Insgemein:						105 957	80
	Zusammenstellung.							
	Titel I. Wasserfassungsanlage				20 888	15		
	„ II. Pumpstation				121 185	00		
	„ III. Hochbehälter				131 512	50		
	„ IV. Rohrleitungen und Zubehör				883 956	55		
	„ V. Ausrüstung der Behälter				21 250	00		
	„ VI. Werkzeuge und Vorratsteile				6 000	00		
	„ VII. Kanalisation am Pumpwerk				1 500	00		
	„ VIII. Wasserstandsfernmelder u. Telephonanlage				8 250	00		
	„ IX. Insgemein				105 957	80		
	Betrag des Kostenanschlages:				·1 300 000	00		

Die im Kostenanschlag ermittelte Bausumme ergibt auf den Kopf der jetzigen Bevölkerung gerechnet 1 300 000 : 16 000 = M. 81.

Bei Berechnung der Rentabilität der Anlage ist nach den Erfahrungen, die im letzten Jahrzehnt in der Provinz Rheinhessen gemacht worden sind, als Durchschnittswasserverbrauch die Hälfte des oben unter 2a berechneten Maximalbedarfes zugrunde gelegt worden. Der mittlere Jahreskonsum wird hiernach $\frac{1340 \cdot 365}{2}$ = 244 375 cbm betragen.

An regelmäßigen Ausgaben werden entstehen:

1. Verzinsung und Amortisation des Gesamtanlagekapitals ($3^3/_4 + {}^3/_4 \%$) = $4^1/_2 \%$ von M. 1 300 000 . . . . = M. 58 500

2. Abschreibung an der Maschinenanlage, dem Wasserstandsfernmelder und den Wassermessern $2^1/_2 \%$ von M. 152 000 . . . . = „ 3 800

3. Unterhaltung des übrigen Teiles der Anlage 1 $^0/_{00}$ von M. 1 040 000 . . = „ 1 040

4. Jährliche Vergütung für den Maschinenmeister, ausschließlich des Mietwertes der Wohnung und des Gartens etc. . . . . = „ 1 800

5. Jährliche Vergütung für den Hilfsmaschinisten, ausschließlich des Mietwertes der Wohnung etc. . . . . = „ 900

6. Jährliche Vergütung für 2 Leitungsaufseher à M. 150 . . . . . . = „ 300

7. Jährliche Vergütung für 18 Ortswassermeister, durchschnittlich M. 50 . = „ 900

8. Brennstoffverbrauch der Sauggasanlage:

   a) um 509,65 · 365 = 185 814 cbm Wasser jährlich in den Haupthochbehälter II zu fördern Anthrazitkohlen pro Kubikmeter 0,45 kg; 185 814 · 0,45 . . . . 83 616 kg

   b) um 160,44 · 365 = 58 560 cbm Wasser jährlich in den Haupthochbehälter III zu fördern, Anthrazitverbrauch pro Kubikmeter 0,50 kg; 58 560 · 0,50 . . . . 29 260 „

   zus. 112 876 kg

   Bei einem Anthrazitpreis von M. 0,03 pro Kilogramm betragen die jährlichen Kosten des Brennstoffverbrauches 112 876 · 0,03 . . . . = „ 3 386

9. Für Putz- und Schmiermaterial . . . . = „ 300

10. Verwaltungskosten, Rechnungswesen, Steuern, Versicherungsbeiträge usw. „ 3 074

zus. M. 74 000

Hiervon gehen ab an Einnahmen:

1. Rückvergütung, welche die Brandversicherung an Gemeinden zahlt, die mit Hochdruckwasserleitung versehen sind (2 Pf. pro M. 100 Brandversicherungskapital) . . . . „ 5 000

2. Wassermessermiete, pro Anschluß je nach Weite M. 2,40 bis 3,60 pro Jahr „ 8 000

zus. M. 13 000

Ausgaben . . . . M. 74 000
Einnahmen . . . . „ 13 000
Bleiben durch Wassergeld aufzubringen . M. 61 000

Die Kosten pro Kubikmeter gefördertes Wasser werden sich daher auf 61 000 : 244 375 = rund 25 Pf. stellen. Bei der Berechnung der Einnahmen ist die Wasserabgabe an die Gemeinden Ober- und Nieder-Ingelheim, Groß-Winternheim, Schwabenheim, Essenheim und Wallertheim, sowie den Westerhäuserhof und ev. auch den Hof Wiesberg, die teils als Großabnehmer schon angeschlossen sind oder noch angeschlossen werden, nicht berücksichtigt; ebensowenig die Entnahme der verschiedenen angeschlossenen Bahnstationen.

Aus diesen Anschlüssen werden dem Verband voraussichtlich noch jährlich M. 1500 bis 2000 weitere Einnahmen erwachsen.

12. Baukosten.

Die Höhe der Baukosten läßt sich zurzeit noch nicht genau angeben, da noch verschiedene Arbeiten zu vollenden und abzurechnen sind. Gegen den Voranschlag wurden bereits bei der Vergebung der Arbeiten erhebliche Ersparnisse erzielt, wie dies besonders aus den weiter unten mitgeteilten Ergebnissen der Ausschreibung der Arbeiten zur Herstellung der Rohrgräben, Lieferung und Verlegung der Rohre samt Zubehör sowie der Arbeiten und Lieferungen zur Herstellung der Hochbehälter hervorgeht. Die nachstehend mitgeteilten Ausführungskosten sind deshalb nur als annähernd zu betrachten. Entsprechend den einzelnen Positionen des Kostenanschlages werden sich die Bauausgaben etwa stellen:

Titel I.	Wasserfassung . . . . M.	26 500
„ II.	Pumpstation . . . . „	120 000
„ III.	Hochbehälter . . . . „	140 000
„ IV.	Rohrleitungen und Zubehör . . . . „	801 000
„ V.	Ausrüstung der Behälter . . . . „	16 000
„ VI.	Werkzeuge und Vorratsteile . . . . „	5 000
„ VII.	Kanalisation am Pumpwerk . . . . „	1 500
„ VIII.	Wasserstandsfernmelde- und Telephonanlage . . . . „	12 000
„ IX.	Insgemein . . . . „	60 000
	zus. M.	1 182 000

Gegen den sich auf M. 1 300 000 beziffernden Voranschlag sind daher etwa M. 118 000 erspart worden.

II. Geschichte der Verbandsbildung und Bauausführung.

1. Vorverhandlungen.

Die mißlichen Wasserverhältnisse in einem großen Teil der Provinz Rheinhessen und die Unmöglichkeit, durch einzelne lokale Wasserwerke Ahhilfe zu schaffen, veranlaßten die Großh. Kulturinspektion Mainz zu Ende des Jahres 1903 der Prüfung der Frage näher zu treten, inwieweit eine Wasserversorgung des ganzen notleidenden Gebietes durch große Gruppenwasserwerke, unter Entnahme des erforderlichen Wassers aus dem Rheintal, ausführbar sei. Das Ergebnis dieser Prüfung ist in dem nachstehend mitgeteilten Berichte vom 3. Januar 1904 an Großh. Ministerium des Innern, in dem gleichzeitig um Gewährung einer Staatsbeihilfe nachgesucht und deren Notwendigkeit begründet wurde, niedergelegt.

Mainz, den 3. Januar 1904.

Betreffend:
Wasserversorgung in der Provinz Rheinhessen.

An

Großherzogliches Ministerium des Innern
Abtl. für Landwirtschaft, Handel und Gewerbe

Darmstadt.

Bericht
der Großherzoglichen Kulturinspektion Mainz.

Großh. Ministerium beehren wir uns über das Wasserversorgungswesen in der Provinz Rheinhessen an Hand der angeschlossenen Übersichtskarte (Tafel I) nachstehend zu berichten.

Der weitaus größte Teil der bisher mit einer modernen Trinkwasserversorgung nebst Hausanschlüssen und Feuerlöschhydranten versehenen Gemeinden liegt im Norden der Provinz in den Kreisen Mainz und Bingen. Nachdem Mombach, Bretzenheim und Heidesheim sich in der letzten Zeit zur Anlage einer Wasserversorgung entschlossen haben, stehen im nördlichen Rheinhessen außer Budenheim nur noch die kleinen Gemeinden Marienborn, Klein-Winternheim, Gaulsheim, Frei-Weinheim und Kempten zurück.

Abgesehen von den Einzelversorgungen kommen in diesem Teil der Provinz nur zwei Gruppen- bzw. Doppelversorgungen vor, nämlich Finthen-Drais und Kostheim-Gustavsburg.

Eine größere Gruppenwasserversorgung wurde im letzten Spätjahr im Westen der Provinz in dem Gebiet zwischen Nahe und Apfelbach vollendet. Nachdem auch die Gemeinde Badenheim ihren Beitritt erklärt hat, umfaßt diese Gruppe 5 Gemeinden. Der Anschluß weiterer Gemeinden, nämlich Planig, Biebelsheim und Pleitersheim, erscheint nur eine Frage der Zeit. An diese Gruppe grenzt die Doppelversorgung Welgesheim-Zotzenheim.

Im Osten ist die Doppelversorgung Selzen-Schwabsburg ausgeführt; an diese wird später zweckmäßigerweise Köngernheim und Hahnheim angehängt werden. In ähnlicher Weise wird die Versorgung von Ebersheim von Zornheim aus zu erfolgen haben.

Eine größere Gruppenwasserversorgung ist zurzeit in der Umgebung von Bodenheim in Bildung begriffen. Diese Gruppe soll die Orte Bodenheim, Gau-Bischofsheim, Lörzweiler und Mommenheim sowie auch ev. Nackenheim und Laubenheim umfassen. Die Verhandlungen sind in der Schwebe, bisher haben Bodenheim und Lörzweiler zugestimmt.

Die Wasserbeschaffungsfrage ist durch Anlage eines Probebrunnens und Ausführung eines Pumpversuches in günstigem Sinne entschieden. Die generelle Veranschlagung der Anlage- und Betriebskosten hat auch hier, wie bei der Nahe- und Apfelbachgruppe, erwiesen, daß bei schwieriger Wasserbeschaffung und Pumpbetrieb die Bildung von Gruppenwasserversorgungen selbst bei langen Zuleitungen erheblich billiger und wirtschaftlich günstiger ist, als wenn Einzelversorgungen errichtet werden.

Die Kosten für die Voruntersuchungen und Projektierungsarbeiten trägt die Gemeinde Bodenheim, wie dies seinerzeit in ähnlichem Falle bei der Nahe- und Apfelbachversorgung die Gemeinde Bosenheim getan hat.

Der mittlere und südliche Teil der Provinz weist eine Anzahl verstreut liegender Einzelversorgungen auf, von denen der größte Teil im Kreise Alzey, und abgesehen von der Stadt Worms selbst, nur zwei im Kreise Worms liegen.

Noch fast gar nicht mit Wasser versorgt ist der mittlere Teil der Provinz, nämlich alle die Orte, die in der Umgebung von Jugenheim, Wörrstadt und Gau-Odernheim liegen. In fast allen diesen Gemeinden herrscht schon seit Jahren großer Wassermangel. Verschiedene dieser Orte, wie z. B. Framersheim, Gau-Odernheim, Biebelsheim, Ensheim. Spiesheim, Schornsheim, Nieder-Saulheim, Jugenheim, Engelstadt, Stadecken, haben schon wiederholt den Beschluß gefaßt, eine Wasserversorgung auszuführen; aber dem Wunsche der Bevölkerung konnte nicht entsprochen werden, da es unmöglich ist, das erforderliche Wasser in der Nähe der Orte zu beschaffen.

Die ganze mittlere Provinz weist keine nennenswerten Quellen auf. An die Erschließung von Grundwasser ist ebenfalls nicht zu denken, da die fast einzig als wasserführende Schicht in Frage kommenden Kalke und Sande viel zu wenig Wasser enthalten und auch in den letzten Jahren nachweislich ständig wasserärmer geworden sind.

Für die Wasserbeschaffung kann infolgedessen nur eine Tiefbohrung oder die Entnahme aus einem großen Grundwasserstrom, in diesem Falle der des Rheintales, in Frage kommen. Von einer Tiefbohrung ist unseres Erachtens entschieden abzuraten. Abgesehen von den großen Kosten ist es sehr zweifelhaft, ob brauchbares Wasser erschlossen wird und ob sich das Wasser so hoch im Bohrloch stellt, daß es ohne erhebliche Schwierigkeiten gepumpt werden kann. Für viel sicherer und besser halten wir die Wasserentnahme aus dem Rheintalgrundwasserstrom.

Um den teilweise im hohen Grade bedürftigen Ortschaften die Anlage von Trinkwasserleitungen zu ermöglichen, sollten zwei Gruppenwasserversorgungen größeren Maßstabes gebildet werden (siehe die schraffierten Gebiete auf der Übersichtskarte).

Die eine, für die die Wasserentnahme bei Nieder-Ingelheim gedacht ist, soll die Orte in der Umgebung von Jugenheim und Wörrstadt umfassen (Gruppe III).

Die zweite Gruppe mit der Wasserentnahme bei Guntersblum soll den südlichen Teil des Kreises Oppenheim, den nördlichsten Streifen des Kreises Worms und Gau-Odernheim, Gau-Köngernheim und Framersheim im Kreise Alzey einbeziehen (Gruppe V).

In der Rheinebene selbst könnten, um das Unternehmen rentabeler zu machen, auch die sehr leistungsfähigen Orte Guntersblum, Dienheim und Alsheim mit versorgt werden.

Die Grenzen für jede der beiden Gruppen wurde nach Einvernehmen mit den betreffenden Kreisämtern bestimmt.

Bei beiden Gruppenversorgungen ist nicht anzunehmen, daß sich wie bei Bosenheim und Bodenheim eine Gemeinde findet, die die Kosten der Voruntersuchungen und Projektbearbeitung trägt, und es wäre, da weder die Kreise noch die Provinz etwas tun werden, unseres Erachtens dringend wünschenswert, daß der Staat die Kosten der Vorarbeiten übernimmt.

Es werden für Bachregulierungen die Kosten der Vorarbeiten in der Regel auf die Staatskasse übernommen, und es ist nicht zu leugnen, daß die Ausführung der fraglichen umfassenden Wasserversorgungsarbeiten mindestens ebenso im allgemeinen öffentlichen Interesse liegt als derartige Meliorationen.

Die Kosten der Vorarbeiten und Projektbearbeitung werden sich für eine der geplanten Gruppenversorgungen beziffern auf:

1. Probebohrungen zur Voruntersuchung der Grundwasserverhältnisse   M.   500
2. Probebrunnen . . . .   „   1200
3. Pumpversuch ca. 3 Wochen . . . .   „   1300
4. Projektbearbeitung (genereller Entwurf) . . . .   „   500
                                                        Sa.   M.   3500

Für beide Gruppenversorgungen also M. 7000.

Wir bitten, uns mit der Vornahme der fraglichen Arbeiten zu beauftragen und uns zu diesem Behufe die genannte Summe aus der Staatskasse zu Lasten des nächstjährigen Budgets zur Verfügung zu stellen.

                                                        gez. v. Boehmer.

Ehe noch eine Entschließung Großh. Ministeriums, die von einer Zustimmung der Landstände abhängig war, erfolgen konnte, wurden, um keine Zeit zu verlieren, die Verhandlungen mit den für diese Wasserversorgungsgruppe, die mit Rücksicht auf ihre geographische Lage Wasserversorgung des Selz-Wiesbachgebietes genannt wurde, in Frage kommenden Gemeinden eröffnet. In den Monaten Februar und März 1904 wurde unter Leitung der Großh. Kreisämter von Oppenheim, Bingen und Mainz von den Ortsvorständen sämtlicher 18 beteiligten Gemeinden beschlossen, einer Berücksichtigung der Gemeinde bei Ausarbeitung eines Gruppenwasserversorgungsprojektes zuzustimmen und zu den Kosten der Vorarbeiten anteilweise bis zum Betrage von M. 500 beizutragen vorbehaltlich des Rückgriffes auf den ev. zu bildenden Wasserversorgungsverband oder den vom Staate zu leistenden Kostenzuschuß.

Unter dem 1. März 1904 beschloß die zweite Kammer der Stände auf den Antrag des Abgeordneten Diehl-Gau-Odernheim, daß die Kosten der Vorarbeiten zu Gruppenwasserleitungen aus dem Fonds Kapitel 74, Titel 4: „Beiträge an bedürftige Gemeinden zu den Kosten für Wasserleitungen und zu wasserwirtschaftlichen Meliorationen" bestritten werden können. Den Antrag unterstützten die Abgeordneten Reinhart-Worms, Braun-Alsheim und Wolf-Stadecken.

Nachdem die erste Kammer der Stände in gleichem Sinne beschlossen hatte, wurde der Inspektion unter dem 5. April durch Verfügung Großh. Ministeriums des Innern ein Kredit von M. 3500 zu fraglichem Zwecke eröffnet.

Es konnte nunmehr im Monat Mai mit den Versuchsbohrungen bei Nieder-Ingelheim begonnen und, als die Grundwasserverhältnisse sich günstig erwiesen, ein Probebrunnen angelegt werden. In der Zeit vom 3. bis 24. Juni fand an dem Brunnen ein ununterbrochener Probepumpversuch statt, der, wie im ersten Teil dieser Abhandlung näher beschrieben, eiu durchaus befriedigendes Ergebnis hatte, ebenso wie die vorgenommene chemische und bakteriologische Untersuchung des Wassers.

Nach Beendigung der Voruntersuchungen mit günstigem Resultat konnte an die Ausarbeitung des Projektes gegangen werden, die infolge des großen Umfanges des Unternehmens mehrere Monate angestrengter Tätigkeit erforderte.

Unter dem 12. Oktober 1904 konnte das Projekt Großh. Ministerium zur Prüfung vorgelegt werden.

Die Genehmigung desselben erfolgte unter dem 17. November mit nachstehender Verfügung:

Das

Großherzogliche Ministerium des Innern
Abtl. für Landwirtschaft, Handel und Gewerbe

an

Großherzogliche Kulturinspektion

Mainz.

Mit der Ausführung des Entwurfes für eine Gruppenwasserversorgung des Selz-Wiesbachgebietes erklären wir uns einverstanden.

Gegen die sehr sachgemäße Durcharbeitung der schwierigen Angelegenheit haben wir keinerlei Einwendungen zu machen.

gez. Braun.

Im Laufe des Monats November wurde das Projekt den Gemeinden zur definitiven Beschlußfassung mitgeteilt und von allen ohne Beanstandungen angenommen. Gleichzeitig wurden von den Gemeinden die bevollmächtigten Vertreter zur Bildung eines Verbandes zum Bau und Betrieb der geplanten Wasserversorgung gewählt mit der Bestimmung, daß die Vertreter auch zugleich als Mitglieder des zu bildenden Verbandsausschusses die Gemeinden im Ausschuß zu vertreten haben sollten.

2. Verbandsbildung.

Am 16. Dezember 1904 traten die gewählten Vertreter zur gemeinsamen Sitzung in Wörrstadt zusammen, und es wurde zur formellen Bildung des Verbandes geschritten.

In den folgenden Sitzungen am 30. Januar 1905 in Wörrstadt und am 7. Februar in Mainz wurden die Verbandsstatuten genehmigt und Beschluß gefaßt, die Verleihung der juristischen Persönlichkeit für den Verband bei Großh. Ministerium nachzusuchen. Die Bildung des Verbandes war nach zweierlei Rechtsform möglich:

a) als Verein,
b) als Gesellschaft.

Nach § 21 ff. des Bürgerlichen Gesetzbuches erlangen nur die Vereine, deren Zweck n i c h t auf einen wirtschaftlichen Geschäftsbetrieb gerichtet ist, durch gerichtlichen Eintrag die Rechtsfähigkeit, während Vereine, die wirtschaftliche Betriebe bezwecken, die juristische Persönlichkeit nur durch staatliche Verleihung erhalten können.   Auf Vereine, die nicht rechtsfähig sind, finden die Vorschriften über die Gesellschaft Anwendung.

Als Mitglieder des Verbandes konnten schon mit Rücksicht auf die Finanzierung des Unternehmens stets nur die einzelnen Gemeinden, niemals die einzelnen Gemeindemitglieder und Wasserkonsumenten in Frage kommen, da die erforderliche Kapitalaufnahme nur dann zu bewirken war, wenn die Gemeinden als Verbandsmitglieder die solidarische Bürgschaft übernahmen.

Von einer Bildung des Verbandes in der Form eines nicht rechtsfähigen Vereins war somit, wenn irgend möglich, abzusehen, da die mangelnde Rechtsfähigkeit erfahrungsgemäß nach den verschiedensten Richtungen hindernd und lähmend auf die Verbandstätigkeit wirkt. Schon die Erwerbung von Grundeigentum und der gerichtliche Eintrag derartigen Eigentums würde bei dem neuen Wasserversorgungsverbande mangels hierfür geeigneter Rechtstitel auf Schwierigkeiten gestoßen sein.

Auch bei der Rechtsform der Gesellschaft würden derartige Rechtsgeschäfte namentlich hier, wo es sich um eine größere Anzahl von Gesellschaftern gehandelt hätte, auf Schwierigkeiten gestoßen sein. Noch schwieriger wie beim Kauf und Eintrag von Grundeigentum würden sich die Verhältnisse beim Verkauf, bei Löschung oder gar bei Abteilung, beim Austritt eines Gesellschafters gestaltet haben.

Der rechtsfähige Verein bietet der Gesellschaft gegenüber auch die Gewähr einer besseren und ständigen Handhabung der staatlichen Aufsicht über diese lediglich dem öffentlichen Interesse dienen sollenden Unternehmen. Dadurch, daß die Vereinssatzungen, auf Grund deren dem Verein vom Großh. Ministerium die Rechtsfähigkeit verliehen wird, nur mit Genehmigung der Verwaltungsbehörde geändert werden können, ist es dem Verein unmöglich gemacht, die staatliche Aufsicht ganz abzuschütteln oder abzuschwächen. Dies ist bei der Gesellschaftsform nicht der Fall, da hier der Gesellschaftsvertrag durch Übereinkunft der Gesellschafter Änderungen erfahren kann.

Eine Schwierigkeit ergab sich daraus, daß der neugebildete Verband bis zur Verleihung der Rechtsfähigkeit durch das Großh. Ministerium, die, auf dem Instanzenwege nachgesucht, immerhin erst nach längerer Zeit erfolgte, nicht rechtsfähiger Verein war. Nach § 54 des Bürgerlichen Gesetzbuches haftet aus einem Rechtsgeschäft, das im Namen eines solchen Vereins einem Dritten gegenüber vorgenommen wird, der Handelnde persönlich; handeln mehrere, so haften diese als Gesamtschuldner. Durch diese Bestimmung hätten daher der Verbandsvorsitzende bzw. die Mitglieder des Verbandsausschusses beim Eingehen aller Rechtsgeschäfte eine weitgehende persönliche Verantwortung übernehmen müssen, oder der Verein hätte seine Tätigkeit aussetzen müssen bis nach erfolgter Verleihung der Rechtsfähigkeit. Dies war aber aus verschiedenen Gründen, ohne Verlust an Geld und Zeit nicht durchführbar.

Um diesen Mißständen zu begegnen, beschloß der Verbandsausschuß, daß die neuen Vereinssatzungen mit der Maßgabe sofortige Anwendung zu finden hätten, daß der Wasserversorgungsverband bis zur Verleihung der Rechtsfähigkeit Gesellschaft im Sinne des § 705 ff. des Bürgerlichen Gesetzbuches zu verbleiben habe. Dadurch wurden die Verbandsvertreter entlastet und die Verantwortlichkeit und Haftpflicht auf die Gesellschafter, d. h. die einzelnen Verbandsgemeinden, übertragen.

Unter dem 25. April 1905 wurde das Verbandsstatut vom Großh. Ministerium genehmigt und dem Verband die nachgesuchte Rechtsfähigkeit verliehen.

3. Vereinssatzungen.

Die genehmigten Satzungen lauten wie folgt:

Satzungen
des
Vereins für den Bau und Betrieb der Wasserversorgungsanlage
des
Selz - Wiesbachgebietes
(rechtsf. Verein lt. Entschl. Gr. M. d. J. v. 25. 4. 1905).

I. Zweck, Sitz und Name des Vereins.

§ 1.

Der von den Gemeinden Armsheim, Bubenheim, Eichloch, Engelstadt, Ensheim, Gau-Bickel-heim, Gau-Weinheim, Jugenheim, Nieder-Hilbersheim, Nieder-Saulheim, Ober-Saulheim, Partenheim, Schimsheim, Spiesheim, Stadecken, Sulzheim, Vendersheim und Wörrstadt begründete Verein bezweckt den Bau und Betrieb einer Wasserversorgungsanlage für das Selz-Wiesbachgebiet.

Der Name des Vereins wird nach Verleihung der Rechtsfähigkeit durch Großh. Ministerium des Innern lauten: „Wasserversorgungsverband für das Selz-Wiesbachgebiet", rechtsfähiger Verein gemäß Verleihungsurkunde Großh. Ministeriums des Innern vom 25. April 1905.

Der Verein hat seinen Sitz in Wörrstadt.

II. Vereinsvermögen.

§ 2.

Die gesamte Wasserversorgungsanlage ist Eigentum des Verbandes. Dieselbe wird nach dem von Großh. Kulturinspektjon Mainz ausgearbeiteten und von Großh. Ministerium des Innern, Abteilung für Landwirtschaft, Handel und Gewerbe, geprüften und gebilligten Projekt, Kostenvoranschlag und Rentabilitätsberechnung erbaut. Das Vermögen des Vereins besteht ferner aus den zur Verfügung stehenden Kapitalien und aus den Betriebseinnahmen.

Der aus dem Betriebe erzielte Reingewinn wird, sofern die Mitgliederversammlung nicht anders bestimmt, an die Mitglieder nach Maßgabe des von denselben in den letzten 5 Jahren bezogenen Wasserquantums verteilt. Nach dem gleichen Verhältnis haften die Mitglieder für den etwa aus dem Betriebe erwachsenden Verlust. Sind zur Zeit der Verteilung der Gewinnraten oder der Anforderung der Verlustanteile 5 Jahre seit Gründung des Verbandcs noch nicht verflossen, so tritt an Stelle dieses Zeitabschnittes der bis dahin abgelaufene Zeitraum.

III. Mitgliedschaft.

A. Ein- und Austritt.

§ 3.

Mitglieder des Vereins sind die in § 1 genannten Gemeinden. Der Eintritt weiterer Gemeinden als Mitglieder unterliegt der Genehmigung des Ausschusses (§ 8) und der staatlichen Aufsichts-behörden (Großh. Kreisamt Oppenheim und Großh. Ministerium des Innern).

Der Austritt aus dem Vereine ist nur am Schlusse eines Geschäftsjahres und erst nach Ablauf einer 2 jährigen Kündigungsfrist zulässig. Die austretende Gemeinde hat dem Vereine bei ihrem Austritt einen Betrag zu entrichten, welcher der Höhe der Aufwendungen entspricht, die dadurch entstanden sind, daß die betreffende Gemeinde an die Wasserversorgung angegliedert worden ist. Bei Berechnung der zu leistenden Summe sind die während der Dauer der Mitgliedschaft erfolgten Abschreibungen in Anrechnung zu bringen.

B. Beiträge.

§ 4.

Das zur Bestreitung der Anlagekosten erforderliche Kapital wird durch ein Anlehen aufgenommen, für welches die Mitglieder die solidarische Bürgschaft übernehmen. Ebenso haften die Mitglieder als solidarische Bürgen für später aufzunehmende Kapitalien zur Bestreitung der Kosten von Neu- und Umbauten sowie Reparaturen oder anderer Ausgaben, falls dieselben nicht aus Betriebseinnahmen gedeckt werden.

Für das aus diesen Verpflichtungen sich ergebende Verhältnis der gesamtschuldnerischen Vereinsmitglieder zueinander findet die Bestimmung des § 2, Abs. 3 entsprechende Anwendung.

IV. Organe des Vereins.

I. Vorstand.

§ 5.

Der Vorstand besteht aus dem Vorsitzenden des Ausschusses. An die Stelle des Vorsitzenden tritt in dessen Verhinderung der zweite und in dessen Verhinderung der dritte Vorsitzende. Der Vorsitzende und die Stellvertreter werden von dem Ausschuß (§ 8) auf die Dauer von 5 Jahren gewählt.

§ 6.

Der Vorsitzende führt die laufenden Geschäfte. Er beruft die Sitzungen, bereitet die Beschlüsse vor und trägt für deren Ausführung Sorge. Der Vorsitzende ist verpflichtet, den Ausschuß zu berufen, wenn dies von mindestens der Hälfte der Mitglieder beantragt wird. Weigert der Vorsitzende die Einberufung, so ist auf Antrag der die Einberufung verlangenden Ausschußmitglieder durch Großh. Kreisamt Oppenheim die Einberufung zu verfügen und hierzu ein Verhandlungsleiter zu bestimmen.

§ 7.

Der Verein wird gerichtlich und außergerichtlich durch den Vorstand vertreten. Der Vorsitzende führt auch den Vorsitz in dem Ausschuß und in den von demselben bestellten Deputationen, soweit nicht ein anderes ausdrücklich bestimmt wird. Die Ausfertigungen von Urkunden werden namens des Verbandes von dem Vorsitzenden oder in dessen Verhinderung von einem seiner Stellvertreter gültig unterzeichnet; Schuldscheine sowie Urkunden über Erwerb und Veräußerung von Immobilien und Immobiliarrechten müssen außer von dem Vorsitzenden auch von drei durch den Ausschuß beauftragten Mitgliedern desselben unterschrieben sein.

II. Ausschuß.

§ 8.

Der Ausschuß (Mitgliederversammlung) setzt sich aus den von den Vereinsmitgliedern ernannten und bevollmächtigten Vertretern zusammen. Jede Gemeinde entsendet in den Ausschuß den Bürgermeister und in dessen Verhinderung den gesetzlichen Stellvertreter und je einen vom Gemeinderat auf 5 Jahre gewählten Vertreter. Die Gemeinde Wörrstadt ist berechtigt, einen weiteren Vertreter auf die gleiche Dauer abzuordnen. Die Vertreter müssen aus den nach Art. 23 der Landgemeindeordnung stimmberechtigten Einwohnern der betreffenden Gemeinden gewählt werden, vorausgesetzt, daß sie nicht infolge Verurteilung unfähig zur Bekleidung öffentlicher Ämter sind.

§ 9.

Der Ausschuß ist nur beschlußfähig, wenn mehr als die Hälfte der Ausschußmitglieder mit Einschluß des Vorsitzenden anwesend sind und wenn sämtliche Ausschußmitglieder spätestens am Tage vorher mit Angabe der Beratungsgegenstände schriftlich eingeladen waren. Die Beschlüsse werden nach Stimmenmehrheit gefaßt. Im Falle der Stimmengleichheit entscheidet die Stimme des Vorsitzenden. Ist die erste berufene Versammlung nicht beschlußfähig, so ist eine zweite Versammlung einzuberufen, die alsdann ohne Rücksicht auf die Zahl der anwesenden Mitglieder beschlußfähig ist.

Über Gegenstände, welche nicht auf der Tagesordnung stehen, darf, dringende Fälle ausgenommen, nur dann Beschluß gefaßt werden, wenn wenigstens zwei Dritteile der Mitglieder anwesend sind und wenn alle anwesenden Mitglieder sich für alsbaldige Erledigung des Gegenstandes aussprechen. Über die Ausschußbeschlüsse ist von einem durch den Ausschuß zu wählenden Schriftführer ein Protokoll aufzunehmen, welches nach Vorlesung und Genehmigung von dem Vorsitzenden und dem Schriftführer zu unterzeichnen ist.

§ 10.

Die Ausschußmitglieder erhalten Diäten und Ersatz der Transportkosten, wie sie für Ortsvorstandspersonen jeweils in Geltung sind. Die ortsansässigen Ausschußmitglieder erhalten eine vom Ausschusse festzusetzende Vergütung.

§ 11.

Dem Ausschusse liegt die gesamte Verwaltung des Unternehmens, insbesondere auch die Vermögensverwaltung, ob. Demgemäß steht ihm insbesondere die Beschlußfassung über folgende Geschäfte zu:

Grunderwerbungen und -veräußerungen, Aufnahme von Darlehen, Vergebung von Arbeiten und Lieferungen, Abschluß von Verträgen mit Unternehmern, Anstellung des Maschinenwärters, der Ortswassermeister und etwaiger sonstiger Bediensteten, die Feststellung der Dienst- und Gehaltsverhältnisse dieser Angestellten unter Zugrundelegung der von der Bauleitung aufzustellenden technischen Instruktionen, die Unterweisung und Überwachung sowie die Entlassung dieser Bediensteten, sofern dieselben nicht unmittelbar der technischen Staatsbehörde unterstellt werden, die Anordnung der von der technischen Staatsbehörde für notwendig erachteten Reparaturen, Festsetzung des Wasserbezugspreises, Gestattung des Wasserbezugs in anderen Gemeinden, Bildung von Deputationen aus seiner Mitte zur Erledigung einzelner Geschäftszweige.

V. Rechnungswesen des Vereins.

§ 12.

Für die Besorgung der Einnahmen und Ausgaben des Vereins wird von dem Ausschuß ein Rechner ernannt.

Auf dessen Anstellungs-, Kautions-, Gehalts- und Dienstverhältnisse finden die für die Gemeindeeinnehmer bestehenden gesetzlichen Vorschriften sinngemäße Anwendung. Für die Geschäftsführung des Rechners gelten die Bestimmungen der Dienstanweisung für die Gemeindeeinnehmer vom 24. Februar 1898.

§ 13.

Auf das Rechnungswesen finden die für das Gemeinderechnungswesen geltenden Vorschriften sinngemäße Anwendung, insoweit in diesen Satzungen nicht anders bestimmt ist. Das Rechnungsjahr läuft vom 1. April des einen bis zum 31. März des folgenden Jahres. Der von dem Vorsitzenden zu entwerfende Voranschlag ist nach Feststellung durch den Ausschuß vom Großh. Kreisamt Oppenheim zu genehmigen.

§ 14.

Alle Anweisungen zur Vereinnahmung und Verausgabung von Beträgen werden von dem Vorsitzenden des Verbandes vollzogen. Während der Ausführung der Bauarbeiten notwendig werdende Ausgaben können nur angewiesen werden, wenn die Ermächtigung zur Zahlung durch die Großh. Kulturinspektion Mainz erteilt ist. Dasselbe gilt für Ausgaben, welche nach Inbetriebsetzung der Anlage erwachsen und den Betrag von M. 300 übersteigen, vorausgesetzt, daß nicht Gefahr im Verzuge liegt.

VI. Wasserabgabe.

§ 15.

Die Wasserabgabe aus der Verbandsleitung und die Instandhaltung und Benützung der Privatleitungen wird durch eine vom Ausschuß zu erlassende Wasserbezugsordnung sichergestellt. Jeder einzelnen Gemeinde bleibt es unbenommen, mit Genehmigung des Verbandsausschusses und mit Zustimmung der Aufsichtsbehörde (§ 18) zu dem vom Ausschusse festgesetzten Wasserpreise einen Zuschlag zu erheben oder einen Teil des Preises aus der Gemeindekasse zu zahlen. Die Abrechnung zwischen der Gemeinde und dem Verband geschieht in diesen Fällen durch letzteren.

§ 16.

Die nach der im vorigen Paragraphen erwähnten Wasserbezugsordnung zu entrichten den Abgaben sowie etwaige andere Einnahmen des Verbandes werden auf Kosten desselben von den Gemeindeeinnehmern der beteiligten Gemeinden erhoben und an die Verbandskasse abgeliefert. Die Festsetzung der den Gemeindeeinnehmern zu gewährenden Vergütung liegt dem Ausschusse ob. Bei zufälligen Einnahmen kann der Vorsitzende zur direkten Erhebung anweisen.

Neubaufonds.

§ 17.

Zur Bildung eines Neubaufonds sind mindestens jedes Jahr von den Kosten

a) der Gebäude mit Maschinenbestandteilen $\frac{1}{2}\%$
b) der beweglichen Maschinenteile $1\frac{1}{2}\%$

des erstmaligen Herstellungsaufwandes neben den jährlichen Betriebskosten aufzubringen. Die Bildung des Neubaufonds hat spätestens mit dem Etatsjahre 1910 zu beginnen.

Die Beiträge zu diesem Neubaufonds sind verzinslich anzulegen und nur für Neubauzwecke zu verwenden. Die jährlichen Zinsen dieses Fonds sind stets dem Kapital zuzuschlagen. Die Über weisung von Beträgen zu diesem Fonds und der Zuschlag der Zinsen kann durch Beschluß des Ausschusses mit Genehmigung Großh. Kreisamtes Oppenheim eingestellt oder geändert werden.

Aufsichtsbehörde.

§ 18.

Die staatliche Aufsichtsbehörde über die Verwaltung dieses Vereins ist das Großh. Kreisamt Oppenheim.

Mit Rücksicht auf den Charakter des Unternehmens gelten sowohl in den Beziehungen des Vereins zur Aufsichtsbehörde als in den Kompetenzen der letzteren gegenüber dem Ausschusse und dem Vorsitzenden und umgekehrt, für die Stellung des Ausschusses die den Gemeinderat und für die Stellung des Vorsitzenden die den Bürgermeister betreffenden Bestimmungen der Verwaltungs gesetze, insoweit in gegenwärtiger Satzung nichts anderes bestimmt ist. Hiernach bedürfen insbesondere die Beschlüsse des Ausschusses, welche die Bestellung des Rechners, die Veräußerung von Grundeigentum und Immobiliarrechten, die Aufnahme von Anlehen und Zurückziehung von Kapitalien betreffen, der Genehmigung der Aufsichtsbehörde. Aus gleichem Grunde liegt die Genehmigung des Voranschlages dem Kreisamt und die Prüfung der Rechnung der Großh. Oberrechnungskammer ob.

§ 19.

Die technische staatliche Aufsichtsbehörde ist die Großh. Kulturinspektion Mainz, gegenüber welcher sich der Verein zu nachstehendem verpflichtet:

1. Die auf Grund der vorliegenden Pläne und Überschläge sowie der noch erforderlichen Detailpläne abzuschließenden Akkorde und die Aufstellung der Vergebungsbedingungen geschehen durch die Großh. Kulturinspektion Mainz, welcher Behörde auch die Bauleitung und die Ausführung des gesamten Werkes übertragen wird.

2. In allen technischen Fragen ist sowohl während des Baues als während des Betriebes das Gutachten der technischen Staatsbehörde vorher einzuholen. Eine Einholung des Gutachtens hat, wenn die Verhandlungen von der Aufsichtsbehörde geführt werden, durch diese, andernfalls durch den Ausschuß bzw. dessen Vorsitzenden zu erfolgen.

3. Die Wasserwerksanlage ist stets in einem solchen baulichen Zustande zu erhalten, daß die Wasserversorgung ungeschmälert und dauernd gesichert ist.

4. Die Wasserversorgungsanlage ist alljährlich einmal durch den Vorstand der technischen Staatsbehörde oder dessen Stellvertreter eingehend untersuchen zu lassen.

5. Für jede Gemeinde ist ein Ortswassermeister zu bestellen und demselben eine von der technischen Staatsbehörde zu entwerfende Instruktion zu erteilen, wonach er die richtige Prüfung und Instandhaltung der in der Gemarkung befindlichen Anlage zu überwachen hat. Die Ortswassermeister sind kreisamtlich zu verpflichten.

Liquidation.

§ 20.

Im Falle einer Liquidation werden die Liquidatoren vom Großh. Kreisamt Oppenheim ernannt. Über Beschwerden gegen die Bestellung und das Liquidationsverfahren entscheidet Großh. Ministerium des Innern endgültig unter Ausschluß des Rechtswegs.

§ 21.

Streitigkeiten zwischen den Mitgliedern des Vereins untereinander oder mit dem Vereine hinsichtlich aller aus der Zugehörigkeit zum Vereine erwachsenden Rechte und Pflichten werden unter Ausschluß des Rechtswegs von einem Schiedsgericht entschieden. Jeder der Streitteile hat einen Schiedsrichter zu ernennen, welche ihrerseits sich dann über den dritten Schiedsrichter zu einigen haben.

Falls sich beide Schiedsrichter über die Person des dritten Schiedsrichters nicht einigen, so wird derselbe von dem zuständigen Gerichte ernannt.

§ 22.

Abänderungen gegenwärtiger Satzung bedürfen der Genehmigung des Großh. Kreisamtes Oppenheim und des Großh. Ministeriums des Innern.

§ 23.

Der Verein tritt an Stelle der am 7. Februar 1905 mit Wirkung vom 16. Dezember 1904 begründeten Gesellschaft für den Bau und Betrieb der Wasserversorgungsanlage für das Selz-Wiesbachgebiet.

Das vorstehende Statut ist seinem Inhalt und seiner Form nach genau den Bestimmungen des Bürgerlichen Gesetzbuches über die Vereine angepaßt. Die Mitglieder des Vereins sind die an der Wasserversorgung beteiligten politischen Gemeinden, die für das aufzunehmende Kapital gemäß § 4 des Statuts solidarisch haften.

Die Bestimmungen über Gewinn und Verlust in § 2, Abs. 3 haben praktischen Wert bei dem in Frage kommenden Wasserversorgungsverbande nicht, da durch das Unternehmen ein Gewinn nicht erzielt werden soll. Der Verband soll vielmehr als gemeinnütziges Unternehmen das Wasser an seine Abnehmer stets zum Selbstkostenpreise abgeben. Die Bestimmungen mußten jedoch im Statut notgedrungen Aufnahme finden, da das Bürgerliche Gesetzbuch dies ausdrücklich vorschreibt.

Der nach § 8 des Statuts zu bildende Ausschuß besteht bei kleineren Verbänden in der Regel aus den Bürgermeistern der beteiligten Gemeinden oder deren gesetzlichen Stellvertretern und zwei vom Gemeinderat gewählten Vertretern. Im vorliegenden Falle begnügte man sich, um keine zu große Körperschaft zu erhalten, mit je einem weiteren Vertreter außer dem Bürgermeister.

Es war verschiedentlich angeregt worden, den einzelnen Gemeinden je nach ihrer Größe eine verschiedene Vertreterzahl zuzubilligen oder doch die einzelnen Gemeindevertreter mit verschiedener Stimmenzahl auszustatten. Man ist auf diese Vorschläge jedoch nicht eingegangen, um den größeren Gemeinden nicht von vornherein ein Übergewicht über die kleineren einzuräumen und um der Möglichkeit vorzubeugen, daß die schwächeren Gemeinden majorisiert werden.

Die Verwaltung und das Rechnungswesen des Verbandes ist, dem Zweck und der Art des Unternehmens entsprechend, im Sinne der Bestimmungen über die Gemeindeverwaltung und das Gemeinderechnungswesen geregelt.

Die gesamte Wasserwerksanlage, einschließlich der Ortsleitung und der Anschlußleitungen nach den Wasser entnehmenden Grundstücken, wird auf Kosten des Verbandes hergestellt, unterhalten und betrieben. Die Wasserabgabe erfolgt nicht an die Vereinsmitglieder (Gemeinden), sondern direkt an die Konsumenten. Das Wasser an die Gemeinden zu verkaufen und diesen es zu überlassen, es an die Abnehmer weiterzugeben, wäre für den Verband wohl einfacher gewesen, aber die rechtlichen Verhältnisse wären dadurch kompliziert geworden. Es hätte der einzelne Abnehmer einmal einen Werkvertrag mit dem Verbande bezüglich seiner Anschlußleitung, die nur dann auf Kosten des Verbandes ausgeführt wird, wenn 5 jährige Wasserentnahme garantiert wird, abschließen und ferner mit der Gemeinde einen Wasserlieferungsvertrag eingehen müssen. Die Gemeinde würde dem Abnehmer das in ihrem Eigentum stehende Wasser durch eine in fremdem Eigentum stehende Zuleitung zugeführt haben. Es erscheint nicht ausgeschlossen, daß bei diesem Verfahren unklare und verwickelte Rechtsverhältnisse entstanden wären.

Trotzdem bestand der Wunsch bei den einzelnen Gemeinden, die Wasserabgabe zwischen Verband und Abnehmer zu vermitteln, um durch Erhebung eines höheren als des an den Verband zu entrichtenden Wasserpreises etwas für die Gemeindekasse zu erübrigen. Dieses Verlangen erschien dadurch gerechtfertigt, daß der Gemeinde durch die Lieferung des für öffentliche Zwecke erforderlichen Wassers auch Ausgaben erwachsen. Diesen Wünschen wurde in der Weise Rechnung getragen, daß nach § 15 es jeder Gemeinde unbenommen bleibt, zu dem vom Ausschuß festgesetzten Selbstkostenpreis des Wassers einen Zuschlag zugunsten der Gemeindekasse zu erheben. Um Mißbräuchen und einer Ausbeutung der Abnehmer vorzubeugen, ist diese Zuschlagserhebung aber zuvor vom Ausschuß und von der Aufsichtsbehörde zu genehmigen. Der Vollständigkeit halber wurde hierbei auch festgesetzt, daß die Gemeinde, wenn sie will, auch den Wasserpreis für die Abnehmer im Orte ermäßigen und die Differenz gegen den Selbstkostenpreis des Verbandes aus Gemeindemitteln an den Verband entrichten kann. Von dieser Bestimmung wird aber kaum häufig Gebrauch gemacht werden.

4. Zusammensetzung des Verbandsausschusses.

Als Vertreter der einzelnen Gemeinden im Verbandsausschuß wurden folgende Herren gewählt:

1. Armsheim	Großhl. Bürgermeister	Eibach,	Gemeinderatsmitglied	Diefenthäler.
2. Bubenheim	„	Köhler,	„	And. Metzler.
3. Eichloch	„	Schick,	„	Chr. Rocker III.
4. Engelstadt	„	Ph. Vetter IV,	„	H. Zimmer I.
5. Ensheim	„	Brand,	„	A. Jakobs II.
6. Gau-Bickelheim	„	Hammer,	„	H. Schnabel I.
7. Gau-Weinheim	„	Mann,	„	H. Hinkel.
8. Jugenheim	„	Freund,	„	V. Schmahl.
9. Nieder-Hilbersheim	„	Finkenauer,	„	Peter Hoch III.
10. Nieder-Saulheim	„	Brückner,	„	H. P. Koch.
11. Ober-Saulheim	„	Kreis,	„	Ph. Freitag I.
12. Partenheim	„	Runkel,	„	Gg. Herbert.
13. Schimsheim	„	Kiefer,	„	Hch. Werner.
14. Spiesheim	„	Keller,	„	P. W. Jung.
15. Stadecken	„	Holl,	„	J. Dechent IX.
16. Sulzheim	„	Unkelhäuser,	„	Ad. Lumb II.
17. Vendersheim	„	Schmitt,	„	J. W. Mohr V.
18. Wörrstadt	„	Christ,	„	J. Gerhardt.

Zum ersten Verbandsvorsitzenden wurde Großhl. Bürgermeister Christ-Wörrstadt, zu Stellvertretern Großhl. Bürgermeister Schmitt-Vendersheim und Großhl. Bürgermeister Keller-Spiesheim, zum Schriftführer Großhl. Bürgermeister Schick-Eichloch gewählt.

Als Rechner wurde Gemeindeeinnehmer Georg Frohn zu Engelstadt bestellt.

5. Kapitalaufnahme.

Das erforderliche Kapital in Höhe von M. 1 300 000 wurde bei der Hessischen Landeshypothekenbank in Darmstadt unter nachstehenden Bedingungen aufgenommen: Die Auszahlung des Darlehens erfolgt je nach Bedarf des Verbandes in beliebigen Teilbeträgen, die 1 bis 2 Tage vor dem Zahlungstermin namhaft zu machen sind. Die abgehobenen Teilbeträge sind jeweils vom Auszahlungstage an mit 3,70 % zu verzinsen. Das Gesamtdarlehen ist 10 Jahre lang mit 3,70 % und für die fernere Darlehensdauer mit 3,625 % zu verzinsen. Der Zinsfuß kann nicht erhöht werden. Spätestens vom dritten Jahre an ist das Darlehen mit mindestens $1/2$ vom Hundert zu amortisieren, so daß die Schuld in etwa 58 Jahren getilgt ist. Das Darlehen ist für die ganze Dauer des Darlehensverhältnisses unkündbar.

6. Wasserbezugsordnung und Vorschriften für die Ausführung von Privatleitungen.

Der Wasserbezug durch Private und die Ausführung von Privatleitungen im Innern der Grundstücke wurde vom Verband durch nachstehende Bestimmungen geregelt:

Bestimmungen über den Bezug von Wasser aus der Verbandswasserleitung.

Die Abgabe von Wasser aus der Verbandswasserleitung an Private erfolgt auf Grund nachstehender Bestimmungen:

1. Die Herstellung und Unterhaltung der Anschlußleitungen zu den Privatgrundstücken, deren Eigentümer sich spätestens bis zum Tage der Vollendung der Ortsleitung anmelden und sich zur Entnahme von Wasser auf die Dauer von wenigstens 5 Jahren verpflichten, geschieht auf Kosten des Verbandes.

2. Zum Anbringen des Hauptabstell- und Entleerungshahnes bzw. zur Aufstellung des Wassermessers in den weiter unten bezeichneten Fällen ist dem Verband vom Abnehmer ein leicht zugänglicher, trockener, frostfreier, unterirdischer Raum zur Verfügung zu stellen. Ist kein geeigneter Raum vorhanden, so hat der Abnehmer auf seinem Grundstück auf eigene Kosten einen hinreichend großen, gemauerten, wasserdichten Schacht herstellen zu lassen. Den geeigneten Platz für einen derartigen Schacht bestimmt, nach Anhörung der örtlichen Wasserleitungskommission, der technische Beamte der Kulturinspektion.

Sollte der Abnehmer wünschen, daß der Abstell- und Entleerungshahn an einen anderen Platz als wie bestimmt eingebaut werden soll, so trägt derselbe die entstehenden Mehrkosten.

3. Die Kosten für alle nach obigem Termin zur Anmeldung gelangenden Anschlußleitungen werden von den anschließenden Grundstücksbesitzern zurückerhoben.

In diesen Fällen wird, sei es zugunsten oder -ungunsten des Anschließenden angenommen, daß das Hauptrohr in der Mitte der Straße liegt.

4. Für jedes Grundstück ist die Herstellung einer besonderen Anschlußleitung vom Abnehmer zu beantragen.

Die Abgabe von Wasser zum Verbrauch außerhalb des betreffenden Grundstücks an Unberechtigte ist unzulässig und strafbar.

5. Die Abgabe von Wasser aus der Verbandswasserleitung erfolgt durch Wassermesser. Die Grundstückseigentümer haben vorerst bis auf weiteres pro Kubikmeter (1000 l) 25 Pf. zu bezahlen, mindestens aber den Betrag von M. 1 pro Monat als Minimaltaxe.

6. Besondere Gartenanschlüsse erhalten ebenfalls Wassermesser und beträgt die Minimaltaxe jährlich M. 6.

7. Bei einer größeren Entnahme als jährlich 200 cbm (den Kubikmeter zu 25 Pf. gerechnet) wird Nachlaß gewährt 10%

         bei mehr als   500 cbm 20%

         „   „   „   1000   „ 30%

         „   „   „ 10000   „ 40%

8. An Wassermessermiete für einen Monat werden erhoben:

         für einen Messer von 15 mm Durchgangsweite M. 0,20

         „   „   „   „ 20   „   „   „ 0,25

         „   „   „   „ 25   „   „   „ 0,30

Der Verband ist berechtigt, unter Zustimmung der zuständigen Behörde jederzeit diese Bestimmungen abzuändern, und sind die Abnehmer den geänderten Bestimmungen unterworfen.

Vorschriften für die Herstellung von Privatleitungen.

§ 1.

Allgemeines.

Die Herstellung der Privatleitungen liegt den Besitzern auf ihre Kosten ob. Die Privatleitung beginnt hinter dem Entleerungshahn, der im Anschluß an den Wassermesser oder an das Wassermesserzwischenstück eingebaut ist. Die Anschlußleitung vom Hauptrohr ab bis einschließlich des Entleerungshahnes wird durch den Verband hergestellt und bleibt Eigentum desselben. Die Privatleitungen können die Grundstücksbesitzer bei jedem tüchtigen Installateur herstellen lassen, doch sind hierbei die nachstehenden Vorschriften pünktlich einzuhalten.

§ 2.

Material der Leitungen.

Die Leitungen sollen, soweit sie im Boden liegen, aus gußeisernen, gut geteerten Röhren von mindestens 40 mm Lichtweite bestehen und 1,50 m tief liegen; im übrigen sind gut galvanisierte Schmiedeeisenröhren mit extra starken Verbindungsstücken (Schweizer Fitting Marke G F) zu verwenden.

Unvollständig verzinkte Röhren und Verbindungsteile, oder solche, deren Verzinkung bei der Bearbeitung Not gelitten hat, sind von der Verwendung ausgeschlossen, ebenso Bleiröhren.

Die Wandstärken und Gewichte der Röhren sind wie nachstehend zu nehmen.
Gußeisenröhren müssen folgende gleichmäßige Wandstärken und Mindestgewichte (einschl. Muffe) pro lfd. m haben:

Bei 40 mm Lichtweite 10,1 kg und 8　mm Wandstärke,
„　50　„　　　„　12,1　„　„　8　　„　　　„
„　60　„　　　„　15,2　„　„　8½　„　　　„
„　80　„　　　„　19,9　„　„　9　　„　　　„
„　100　„　　　„　24,4　„　„　9　　„　　　„

Schmiedeeiserne Röhren müssen mindestens folgende Gewichte und Wandstärken haben:

Bei 10 mm Lichtweite 0,8 kg und 2,4 mm Wandstärke,
„　13　„　　　„　1,25　„　„　2,7　„　　　„
„　20　„　　　„　1,8　„　„　3　　„　　　„
„　25　„　　　„　2,5　„　„　3,4　„　　　„
„　32　„　　　„　3,6　„　„　3,5　„　　　„
„　38　„　　　„　4,5　„　„　3,7　„　　　„
„　45　„　　　„　5,3　„　„　4,0　„　　　„
„　50　„　　　„　5,7　„　„　4,5　„　　　„

Der ausführende Installateur ist verpflichtet, behufs Untersuchung der betreffenden Teile Proben der Rohre und Armaturen der Großh. Bürgermeisterei auf Verlangen vorzulegen.

§ 3.

Ausführungsvorschriften.

Im Innern der Häuser sollen Leitungen möglichst durch frostfreie Räume und entlang der Zwischenwände, nicht der Umfassungsmauern, geführt werden. In solchen Räumen, in die ein Eindringen des Frostes zu befürchten ist, sind die Leitungen durch Umhüllungen mit schlechten Wärmeleitern sorgfältig zu verwahren. Die Verlegung von Röhren durch Dung- oder Abtrittgruben ist auf das strengste untersagt, ebenso auch die Führung der Leitung durch Schornsteine. Abzweigleitungen in Waschküchen, Hofräumen und zu Springbrunnen müssen besondere und, wenn keine

6*

passende Räume vorhanden sind, in Schächten angebrachte Absperr- und Entleerungsvorrichtungen erhalten.

Eine direkte Verbindung des Röhrennetzes mit Dampfkesseln und Wasserklosetts ist untersagt. Letztere dürfen nur vermittelst Spülbehälter an die Leitungen angeschlossen werden. Wo Häuser nicht unterkellert oder keine Räume vorhanden sind, um Durchgangshahn, Wassermesserzwischenstück und Entleerungshahn unterzubringen, müssen besondere für das Einsteigen und Ablesen genügend geräumige, vollständig entwässerte und solid abgedeckte Schächte zur Unterbringung derselben angelegt werden. Die Anschlußleitung, der Abstellhahn, der Wassermesser und der Entleerungshahn müssen bei der Ausführung der Privatleitung durch den Installateur behutsam behandelt und dürfen unter keinen Umständen beschädigt, noch einer Änderung unterworfen werden.

Von dem Entleerungshahn soll die Leitung bis zu den Zapfhahnen durchweg Steigung erhalten. Läßt sich dies aus irgend welchen Gründen nicht durchführen, so sind an den entstehenden Höchst- und Tiefpunkten Entlüftungs- bzw. weitere Entleerungshähne anzubringen. Die Verbindung der Röhren wird im allgemeinen durch Muffen bewirkt. Flanschenverbindungen sind nur anzubringen, wo Mauern durchbrochen und die Röhren eingemauert werden und bei unmittelbarem Zusammentreffen der Anschlußleitung mit der Privatleitung hinter dem Entleerungshahn. Die vorkommenden scharfen Krümmungen der Leitungen sind mittels besonderer Bogenstücke herzustellen; nur ganz flache Bögen dürfen aus geraden Stücken kalt gebogen werden. Die Leitungen müssen mit Rohrschellen solide an Wänden und Decken befestigt werden. Das Versenken der Leitungen in den Mauern und das Verputzen derselben ist nicht zulässig.

§ 4.
Hahnen.

Die Durchgangs- und Auslaufhähne müssen nach dem Niederschraubsystem hergestellt sein, das Gehäuse soll aus Messing oder Rotguß von ausreichender Stärke, die Spindel aus Rotguß oder Kanonenmetall bestehen und mit flachgängigem Gewinde versehen sein. Die Auslaufhähne müssen in der Güte denjenigen entsprechen, die unter der Bezeichnung „extra stark" im Handel vorkommen.

§ 5.
Ausgußbecken.

Für jeden Zapfhahn im Innern der Gebäude muß ein Ausgußbecken oder Spülstein mit Abflußrohr vorhanden sein.

§ 6.
Prüfung der Leitung.

Die fertigen Privatleitungen sind vor ihrer Inbetriebnahme durch den ausführenden Installateur im Beisein eines Vertreters des Verbandes oder der Bauleitung mittels Druckpumpe und Manometer auf mindestens 15 Atm. zu prüfen.

Zeigen sich bei der Probe Undichtigkeiten, so wird die Inbetriebsetzung der Leitung nicht früher zugelassen, bis die Fehler beseitigt sind und die Leitung den vorgeschriebenen Druck aushält.

Die Preßpumpe nebst Zubehör ist von dem Installateur, der die Leitung hergestellt hat, zur Verfügung zu stellen.

---

7. Arbeitsvergebung und Verzeichnis der ausführenden Firmen.

Im Dezember 1904 wurden die hauptsächlichsten Arbeiten, nämlich die Erd- und Eisenarbeiten zur Herstellung der Rohrleitungen und die Beton- und Maurerarbeiten zur Ausführung der Hochbehälter, in öffentlicher Submission ausgeschrieben. Die Eröffnung der eingelaufenen Angebote erfolgte am 23. Januar 1905 und hatte nachstehendes Ergebnis:

a) Angebot auf Erd- und Eisenarbeiten.

Ordn.-Nr.	Name	Wohnort	Bei Verwendung von	
			Mannesmannröhren M.	verst. Gußröhren M.
1	C. F. A. Gerling	Altona	718 176,08	723 256,32
2	Südd. Wasserwerksgesellschaft	Frankfurt a. M.	745 630,87	794 282,04
3	Heinrich Koch	Mainz	773 771,70	754 324,25
4	Kölwels Nachf.	Zweibrücken	783 674,00	783 674,00
5	Jakob Nohl	Darmstadt	805 566,19	795 583,37
6	Deutsche Bohr- und Tiefbauge-sellschaft	Darmstadt	818 158,73	823 325,58
7	Krutina und Möhle	Malstatt	819 256,70	842 803,14
8	G. Kruse	Kastrop i. W.	850 564,70	952 955,20
9	Karl Francke	Bremen	854 303,65	nicht angeboten
10	Siebert & Scharnberg	Neumünster	867 871,02	913 663,02
11	Niedermayer & Kötze	Stettin	893 157,35	931 043,25
12	C. Panse	Wetzlar	866 799,03	896 248,23
13	Krautwurst	Hameln	898 362,40	917 237,18
14	C. Mennicke Nachf.	Dresden	932 498,80	949 967,76
15	H. Weidmann A.-G.	Frankfurt a. M.	933 763,63	986 073,05
16	Rhein. Wasserwerksgesellschaft	Köln	963 178,70	959 413,65
17	Lauterbach	Leipzig	988 633,65	982 830,60
18	Hofmann	Berlin	1 002 993,75	nicht angeboten
19	Hacke & Hartwig	Hannover	1 091 413,11	1 095 284,56
20	W. Schröter	Düsseldorf	ungültig	

b) Angebote auf Betonarbeiten.

Ordn.-Nr.	Name	Wohnort	Betrag in Mark
1	Krutina und Möhle	Malstatt	120 654,54
2	Joh. Odorico	Dresden	128 113,30
3	Daniel Weiß & Jean Hofmann	Wallertheim	129 000,63
4	Ludwig Mattern	Neustadt	129 937,00
5	Wilh. Stark	Neunkirchen	130 895,45
6	Fischer	Gustavsburg	133 782,46
7	Max Richter	Leipzig	137 061,62
8	Drenkhahn und Sudhop	Braunschweig	138 101,80
9	Baumhold und Cie.	Hildesheim	138 179,47
10	Pfannebecker und Walter	Worms	138 590,59
11	Paul Schmitt	Worms	139 235,70
12	Heinrich Koch	Mainz	141 130,50
13	Allg. Hochbaugesellschaft	Düsseldorf	143 012,20
14	Franz Schlüter	Dortmund	143 480,00
15	Dücker und Cie.	Düsseldorf	151 287,40
16	Huber	Frankenthal	153 517,78
17	Mees und Nees	Karlsruhe	157 512,73
18	Möldes und Cie.	Hildesheim	161 046,25
19	Adolf Groh	Kastel	163 613,19
20	Choquet & Dulcius	Bingen	174 209,50
21	A.-G. für Hoch- und Tiefbau	Frankfurt a. M.	187 202,12
22	Martenstein & Josseaux	Offenbach a. M.	202 219,86

In der Verbandsausschußsitzung vom 9. Februar wurde den Mindestfordernden, nämlich für die E r d - u n d   E i s e n a r b e i t e n der Firma C. F. A. G e r l i n g in A l t o n a mit einer Angebotsumme von

M. 718 176,00 (Voranschlag M. 851 800)

und für die B e t o n - u n d   M a u r e r a r b e i t e n der Firma K r u t i n a u n d   M ö h l e , M a l s t a t t - B u r b a c h , mit einer Angebotsumme von

M. 120 654,00 (Voranschlag 137 200),

der Zuschlag erteilt.

Die Vergebung der anderen Arbeiten erfolgte im Laufe des Frühjahrs an folgende Firmen:

1. Pumpwerk: Gasmotorenfabrik Deutz in Köln-Deutz,
2. Pumpwerksgebäude: J. Struth, Niederingelheim,
3. Brunnenanlage: Thiele und Höring, Heidelberg,
4. Wassermesserlieferung: Karl Andrae, Stuttgart,
5. Wasserstandsfernmelde- und Telephonanlage: Stöcker und Cie., Karlsruhe,
6. Elektr. Beleuchtungsanlage: Allgemeine Elektrizitätsgesellschaft, Filiale Mainz,
7. Blitzableiteranlage: Wilhelm Völker, Mainz,
8. Eiserne Dachbinder für das Maschinenhaus: J. Kahling, Niederingelheim.

8. Beginn und Vollendungstermin der einzelnen Bauarbeiten.

		Beginn	Vollendung
1.	Brunnenanlage	20. März 1905	26. August 1905
2.	Rohrlegungsarbeiten	30. März 1905	15. Mai 1905
3.	Hochbehälter	13. April 1905	15. Mai 1906
4.	Pumpwerksgebäude	16. Juni 1905	25. Mai 1906
5.	Maschinenanlage	1. Januar 1906	29. März 1906
6.	Wasserstandsfernmelde- und Telephonanlage	1. Februar 1906	5. Mai 1906
7.	Elektrische Beleuchtungsanlage	20. Dezember 1905	5. Mai 1906.

D e r   g e s a m t e   B a u   w u r d e   i n   d e r   k u r z e n   Z e i t   v o n   13 M o n a t e n   v o l l e n d e t. Am 2. April wurde das Pumpwerk zum ersten Male in Betrieb gesetzt und in den Behälter Bubenheim gepumpt. Im Laufe der zweiten Hälfte des April und im Mai erfolgte die Inbetriebsetzung der einzelnen Ortsleitungen, nachdem sie gründlich gespült worden waren.

ÜBERSICHTSKARTE.

KARTE
der Provinz
RHEINHESSEN

Druck von R. Oldenbourg in München.

LAGEPLAN

Maſsstab.

m 1000 500 0 1 2 km

Essenheim

Windhäuser Hof

Elsheim

Schwabenheim

Gr. Winternheim.

Nied. Ingelheim

Ober- Ingelheim

Bubenl

Pumpwerk

Eng

Brunnenanlage

Westerhaus

Nied. Hilbershm.

Frei-Weinheim

Appenheim

R H E I N S T R O M

Gau- Algesheim

Verlag von R. OLD

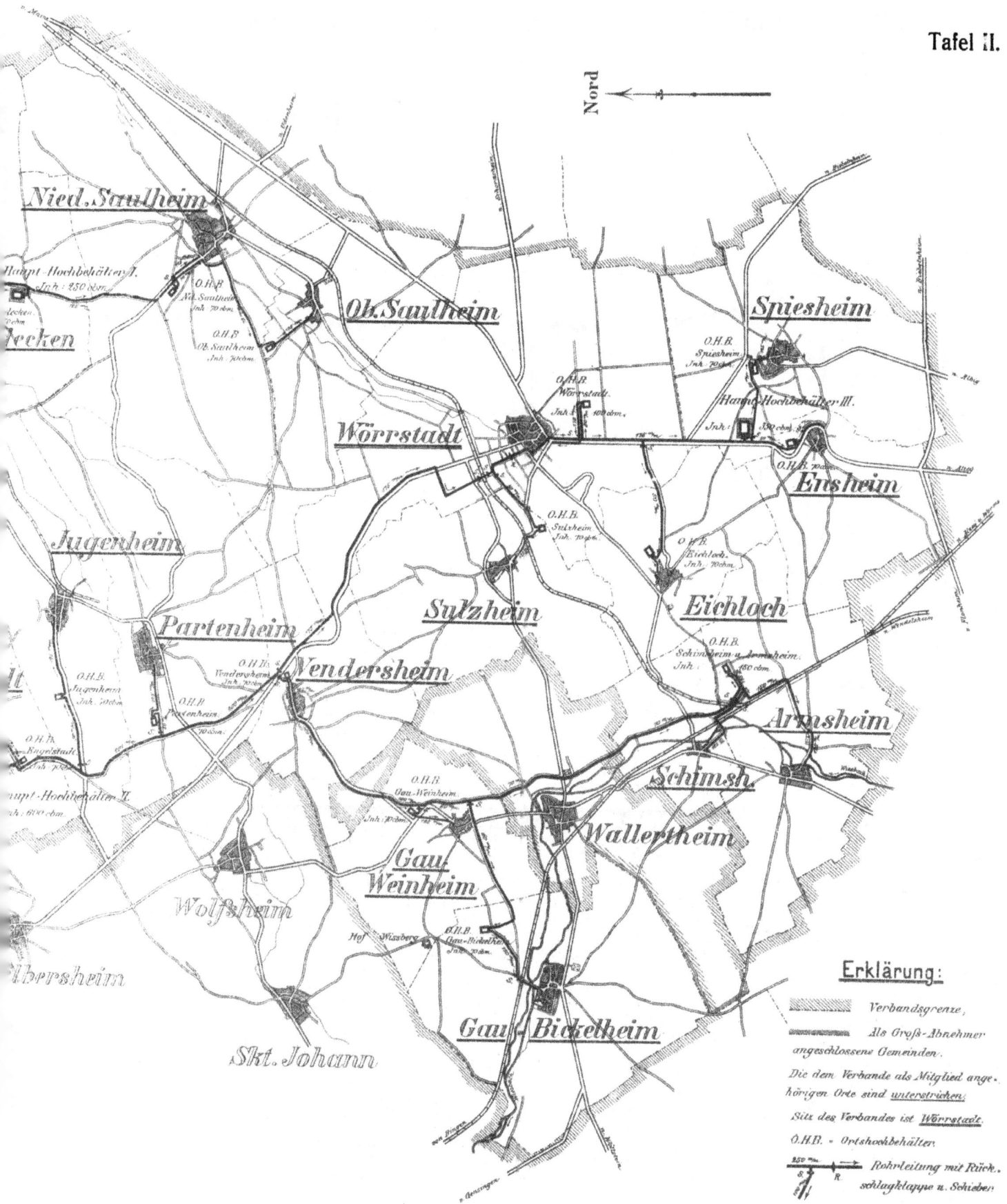

Tafel II.

Nord

Nied. Saulheim

Ob. Saulheim

Spiesheim

Haupt-Hochbehälter I.
Inh: 250 cbm.

O.H.B.
Nied. Saulheim
Inh: 70 cbm.

O.H.B.
Ob. Saulheim
Inh: 70 cbm.

O.H.B.
Spiesheim
Inh: 70 cbm.

ecken

O.H.B.
Wörrstadt
Inh: 400 cbm.

Haupt-Hochbehälter III.
Inh: 300 cbm.

Wörrstadt

Ensheim

Jugenheim

O.H.B.
Sulzheim
Inh: 70 cbm.

O.H.B.
Eichloch
Inh: 70 cbm.

Eichloch

Partenheim

Sulzheim

O.H.B.
Vendersheim
Inh: 70 cbm.

Vendersheim

O.H.B.
Schimsh. u. Armsheim
Inh: 150 cbm.

O.H.B.
Jugenheim
Inh: 70 cbm.

O.H.B.
Partenheim
Inh: 70 cbm.

Armsheim

O.H.B.
Engelstadt

Schimsh.

Haupt-Hochbehälter II.
Inh: 600 cbm.

O.H.B.
Gau-Weinheim
Inh: 70 cbm.

Wallertheim

Gau-Weinheim

Wolfsheim

Hof Wissberg

O.H.B.
Gau-Bickelheim
Inh: 70 cbm.

bersheim

Skt. Johann

Gau-Bickelheim

Erklärung:

Verbandsgrenze.

Als Groß-Abnehmer angeschlossene Gemeinden.

Die dem Verbande als Mitglied angehörigen Orte sind unterstrichen.

Sitz des Verbandes ist Wörrstadt.

O.H.B. = Ortshochbehälter.

Rohrleitung mit Rückschlagklappe u. Schieber.

Bodenprofile im Wass

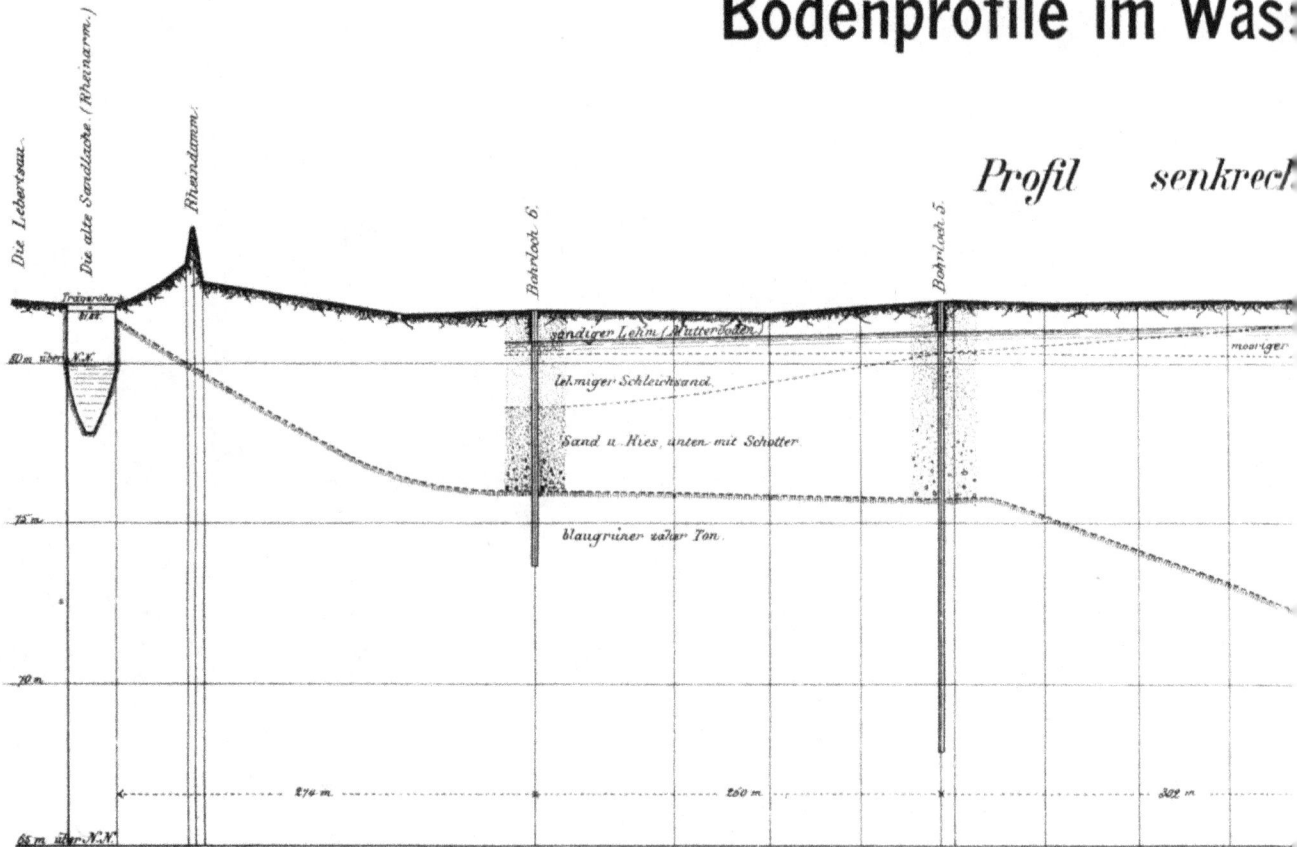

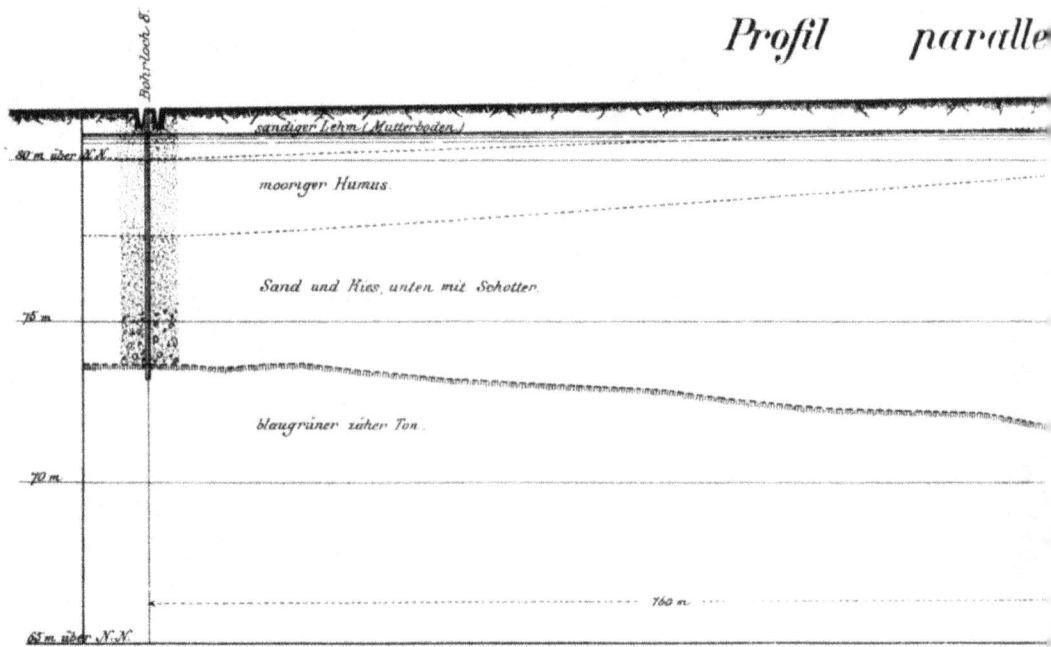

Profil senkrec

Profil paralle

der Längen.

Verlag von R. Ol.

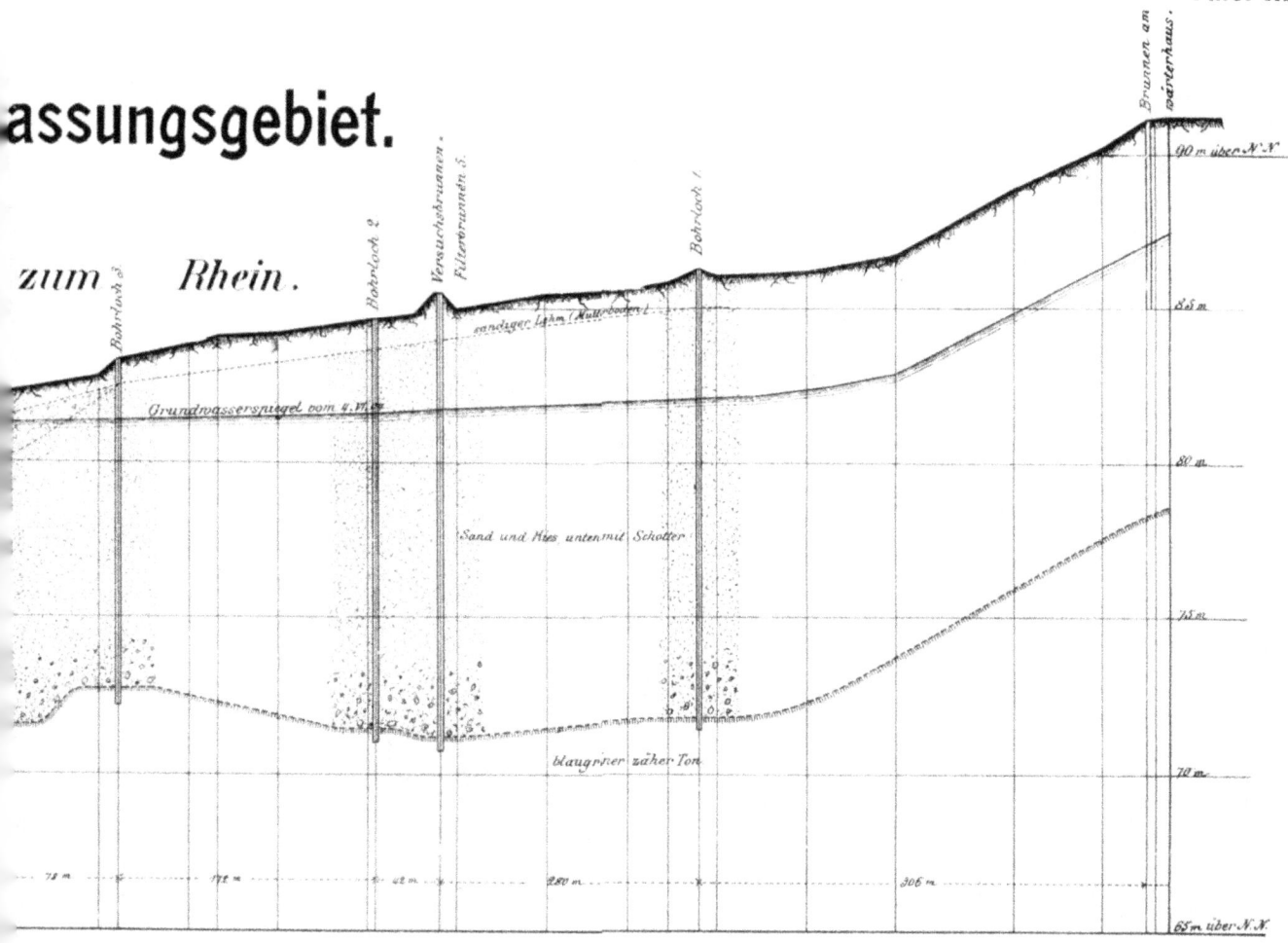

assungsgebiet.

zum Rhein.

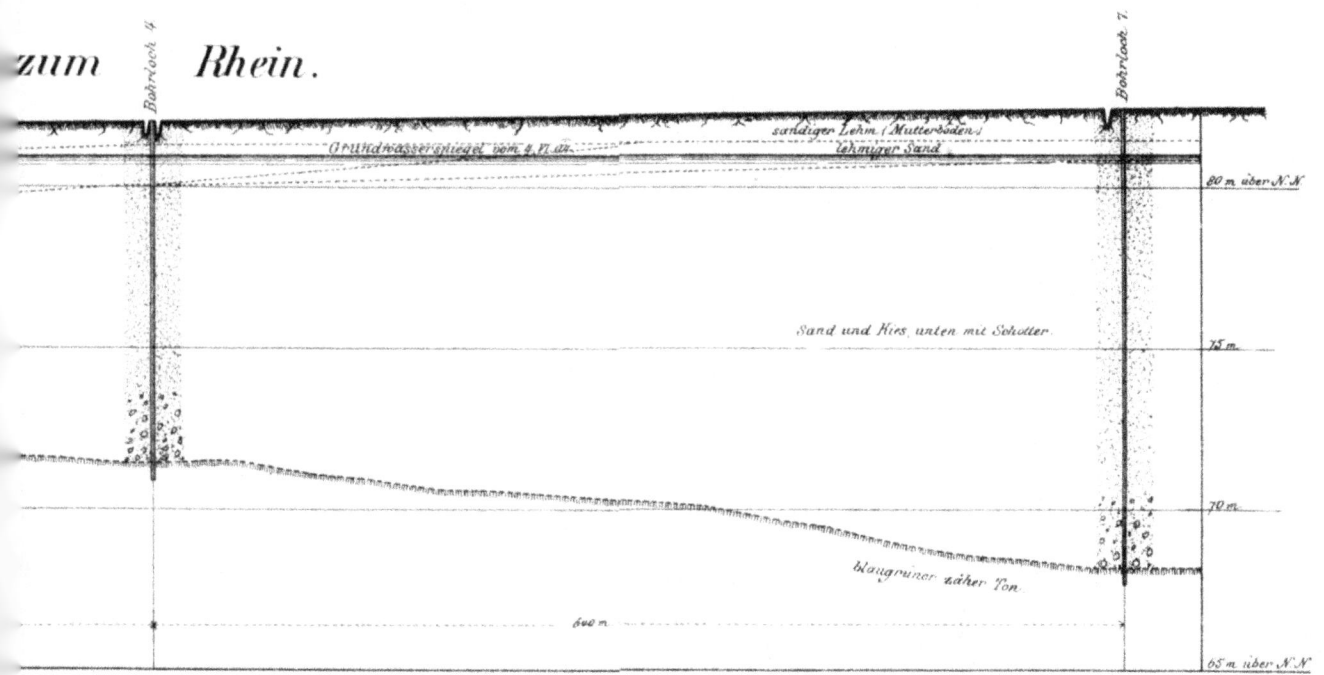

zum Rhein.

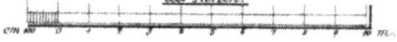

der Höhen.

nchen und Berlin.

Lith. Anst. v. F. Reichhold in München

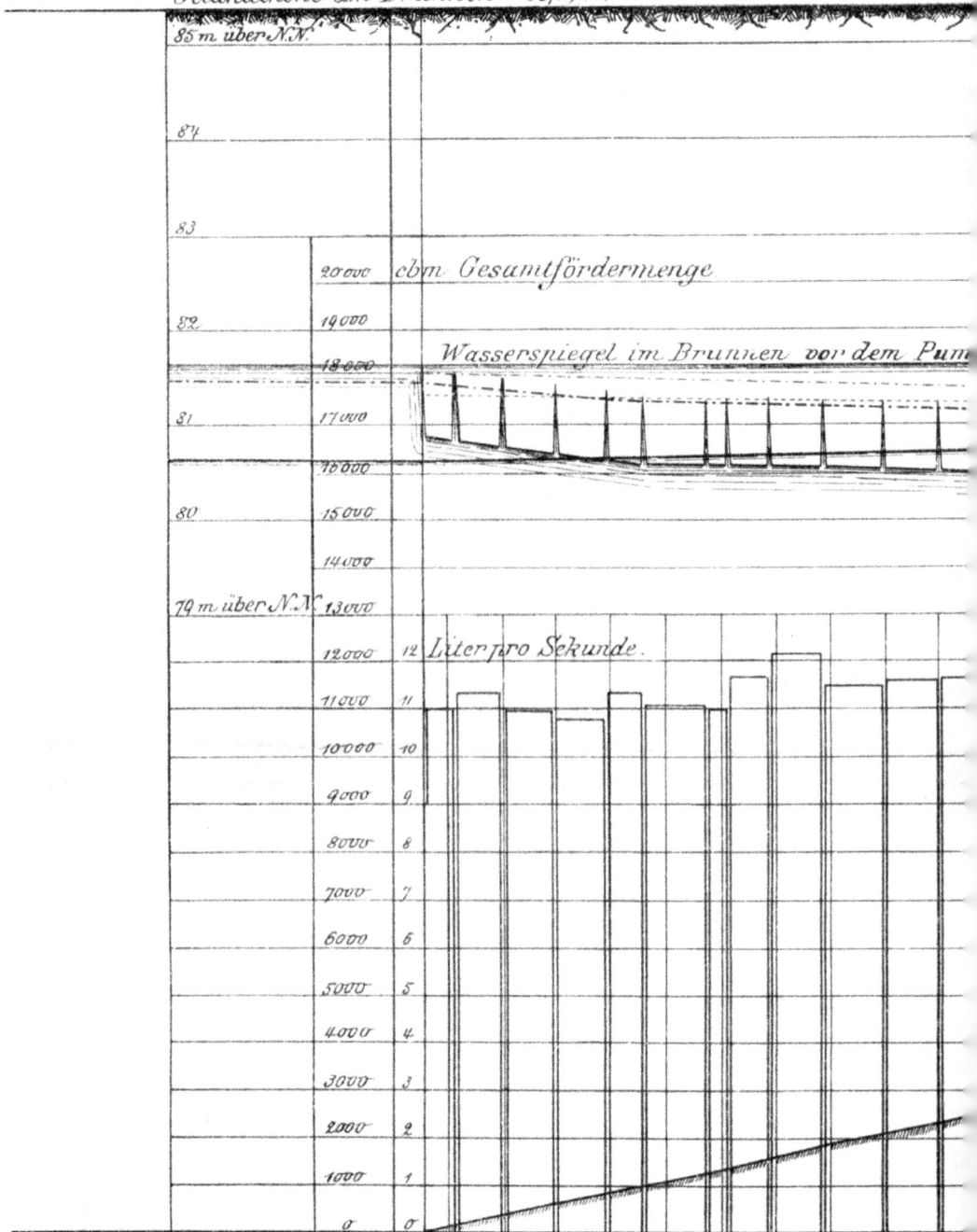

Geländehöhe am Brunnen = 85,39 m.

5,3 m

Wasserspiegel in den Beobachtungsrohren b¹ u. b² (gemittelt)

Wass

Rheinwasserspiegel.

| 6 | 12 | 6 | 12 | 6 | 12 | 6 | 12 | 6 | 12 | 6 | 12 | 6 | 12 | 6 | 12 | 6 | 1. |

| 8 | 9 | 10 | 11 |

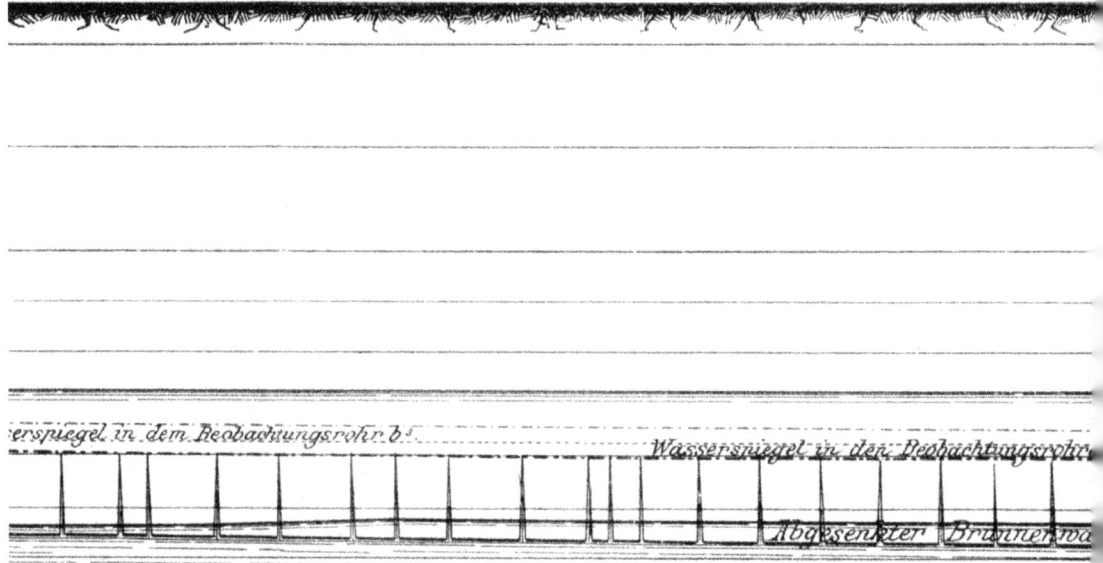

erspiegel in dem Beobachtungsrohr b! ... Wasserspiegel in dem Beobachtungsroh

Abgesenkter Brunnenwa

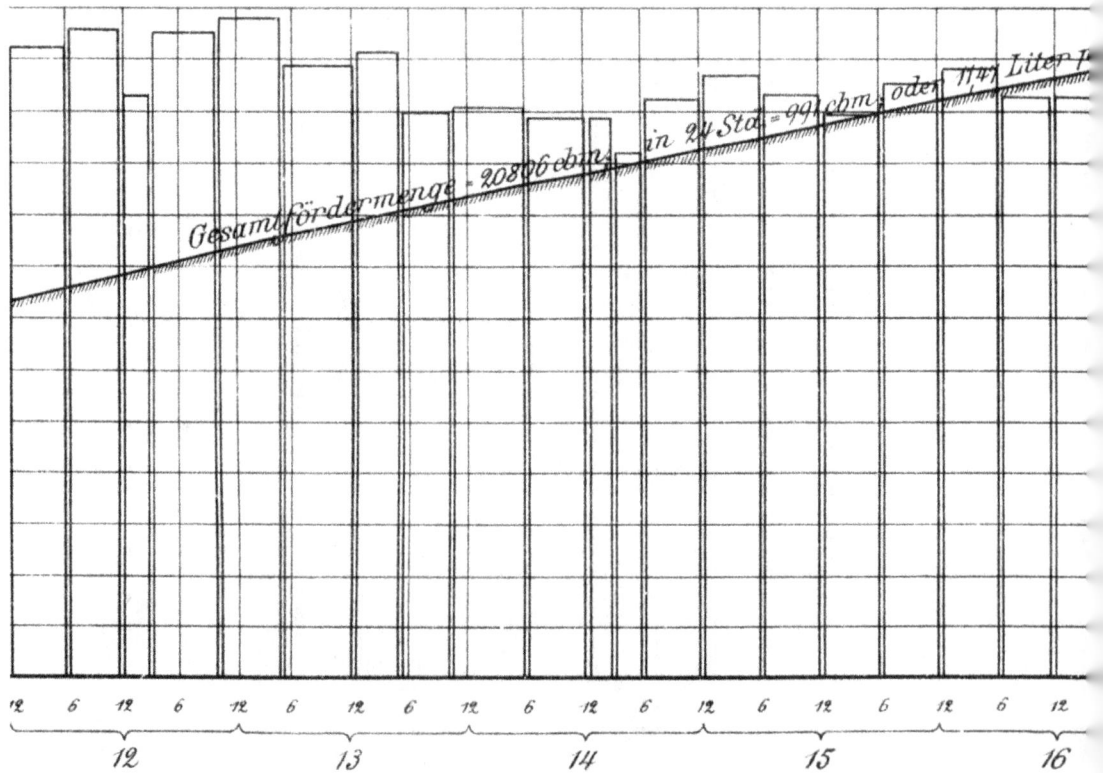

Gesamtfördermenge = 20806 cbm in 24 Std. = 991 cbm oder 11,4 Liter

12	6	12	6	12	6	12	6	12	6	12	6	12	6	12	6	12	6	12

12	13	14	15	16

Juni 1904.

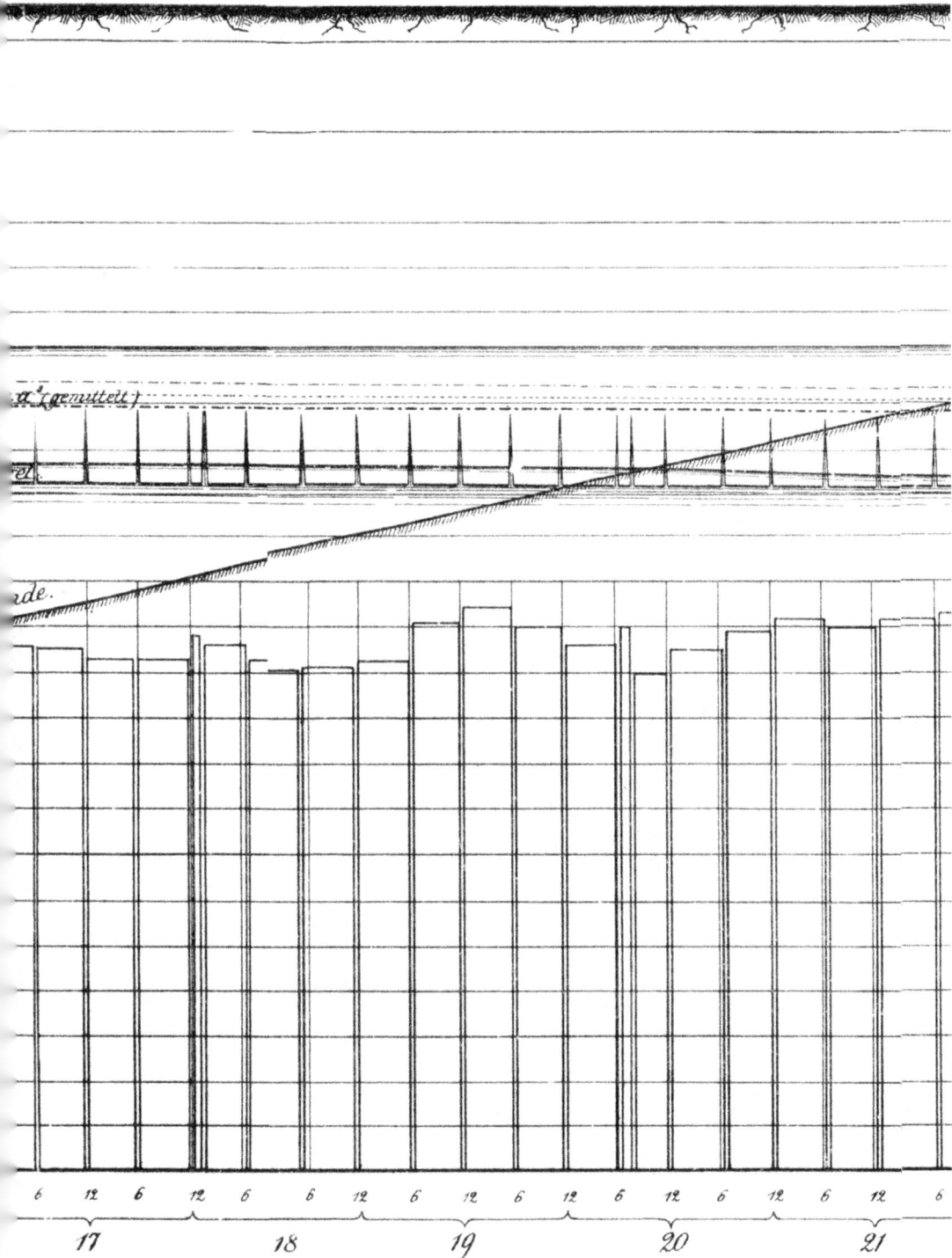

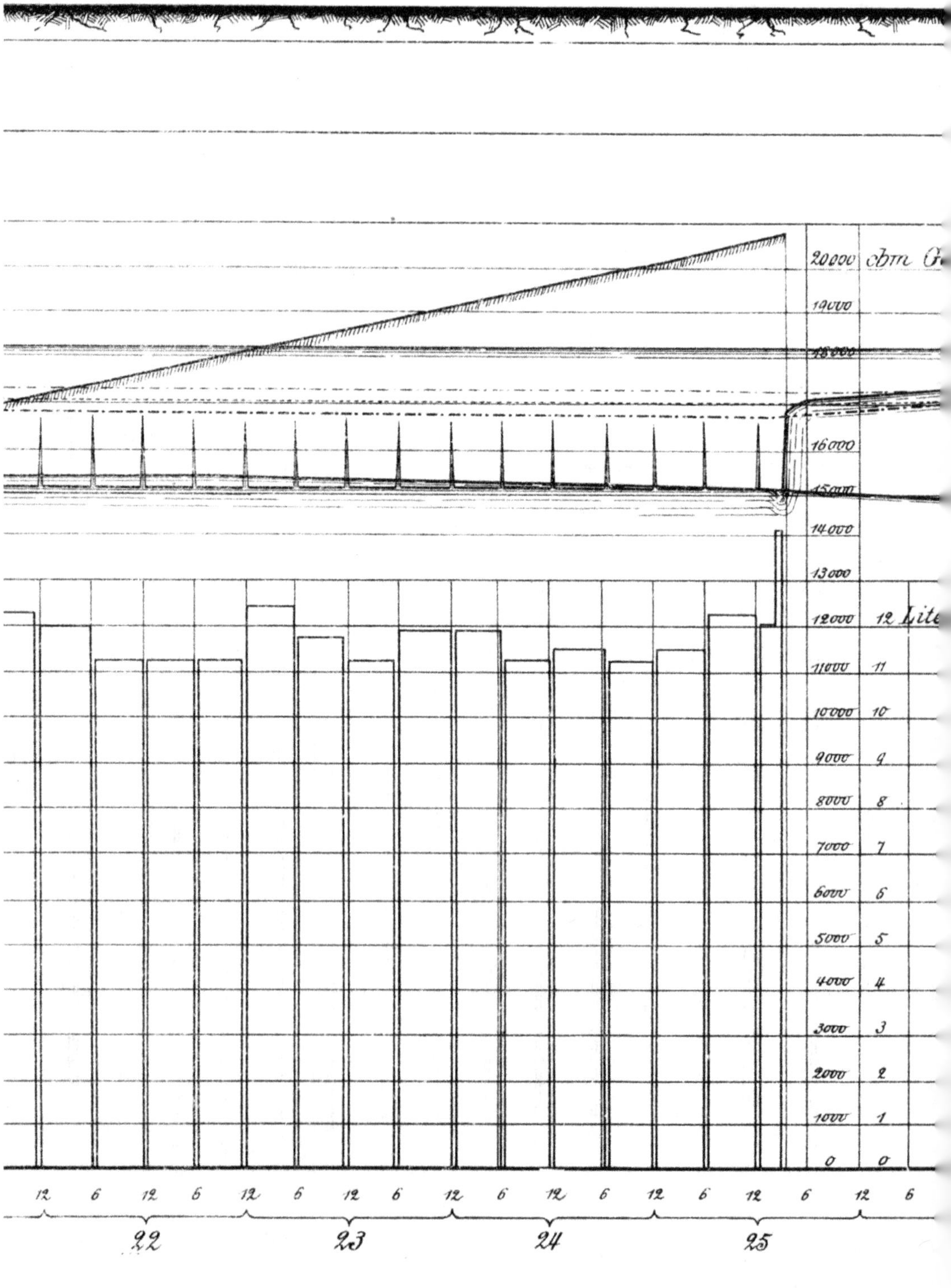

20000 chm G.

19000

18000

16000

15000

14000

13000

12000 | 12 Lite

11000 | 11

10000 | 10

9000 | 9

8000 | 8

7000 | 7

6000 | 6

5000 | 5

4000 | 4

3000 | 3

2000 | 2

1000 | 1

0 | 0

12 6 12 6 12 6 12 6 12 6 12 6 12 6 12 6 12 6 12 6

22   23   24   25

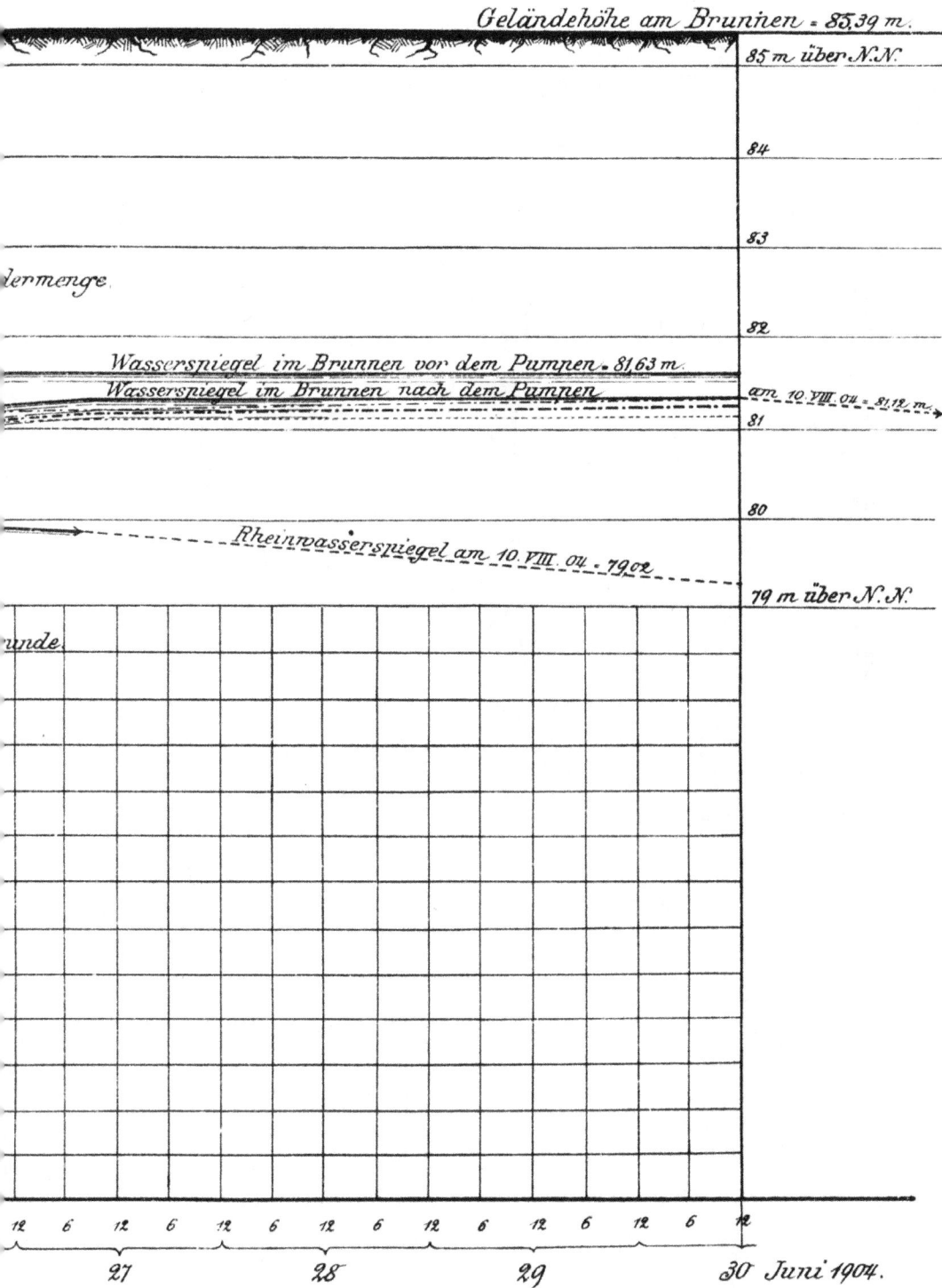

Geländehöhe am Brunnen = 85,39 m.

85 m über N.N.

84

83

...dermenge.

82

Wasserspiegel im Brunnen vor dem Pumpen = 81,63 m.

Wasserspiegel im Brunnen nach dem Pumpen   am 10. VIII. 04 = 81,12 m.

81

80

Rheinwasserspiegel am 10. VIII. 04 = 79,02

79 m über N.N.

...unde.

12 6 12 6 12 6 12 6 12 6 12 6 12 6 12

27   28   29   30 Juni 1904.

v. Boehmer, Die Wasserversorgung des Selz-Wiesbach-Gebietes.

Lageplan
des
Wasserfassungsgebietes mit Pumpwerk und Brunnen.

Gemarkung Nieder-Ingelheim.

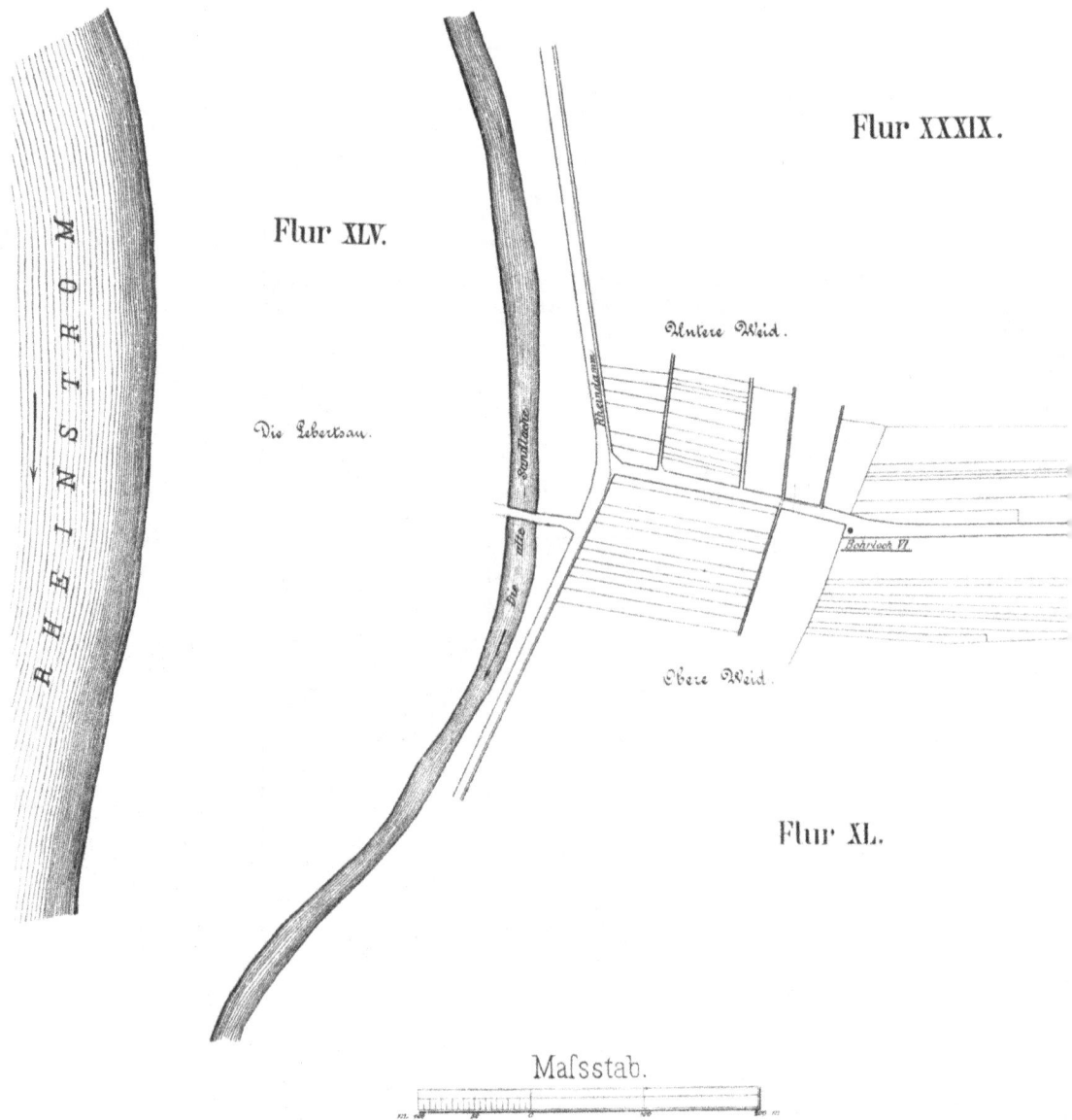

Flur XXXIX.

Flur XLV.

RHEINSTROM

Untere Weid.

Die Lebersau.

die alte Bandlache

Rheindam

Bohrloch VI

Obere Weid.

Flur XL.

Maſsstab.

Verlag von R. OLDE

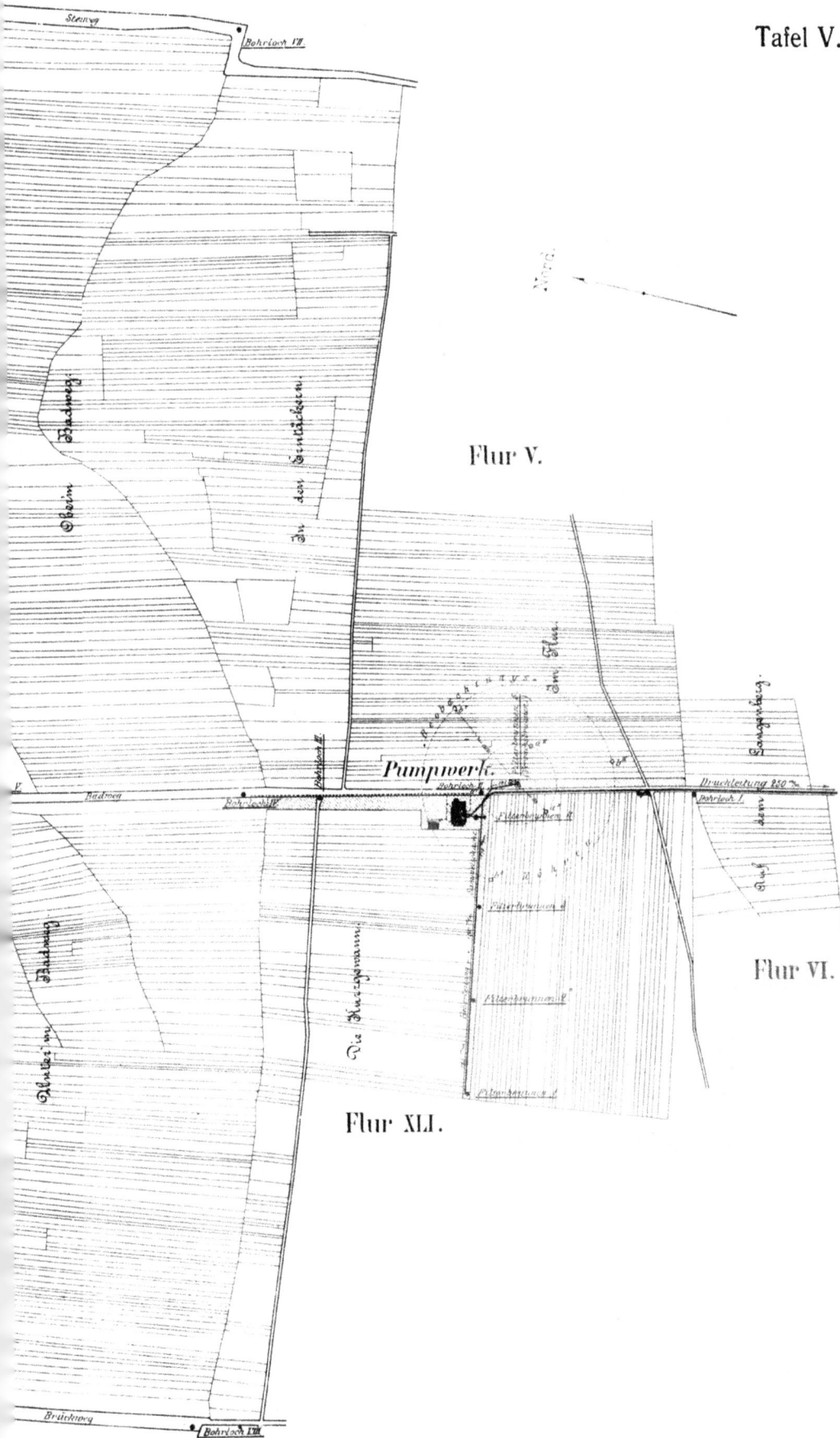

Flur V.

Pumpwerk.

Flur VI.

Flur XLI.

Höhenplan

Längenmaßstab.

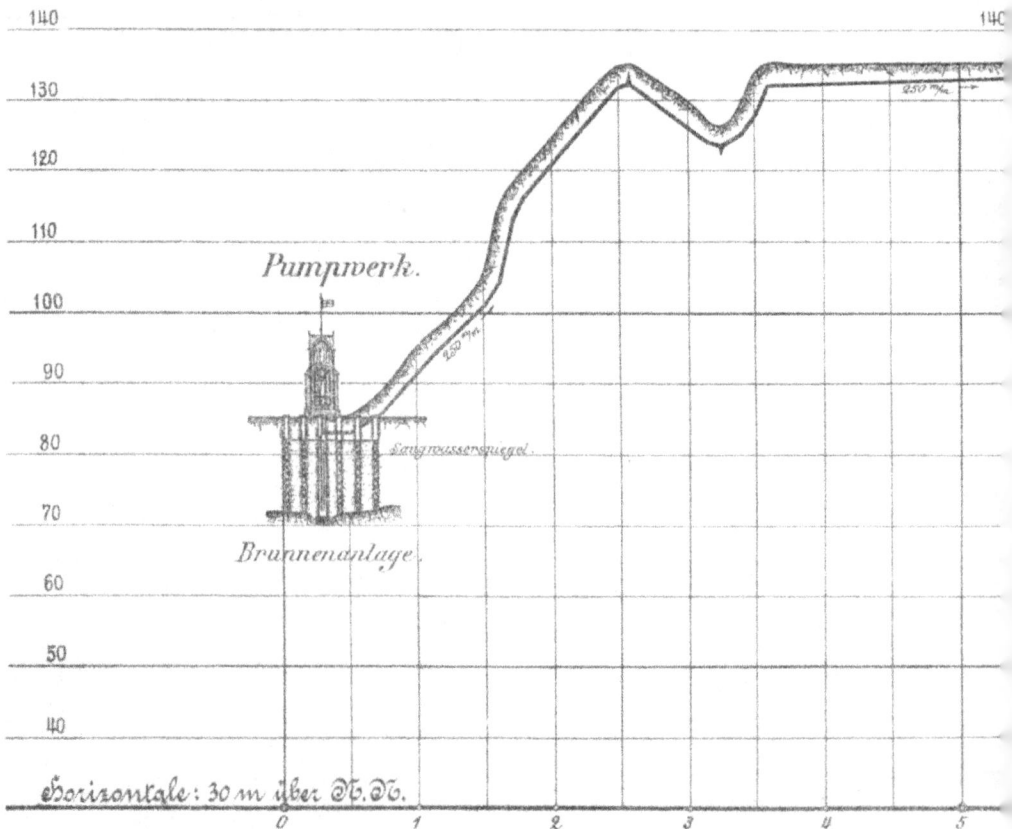

Horizontale: 30 m über N.N.

Pumpwerk.

Brunnenanlage.

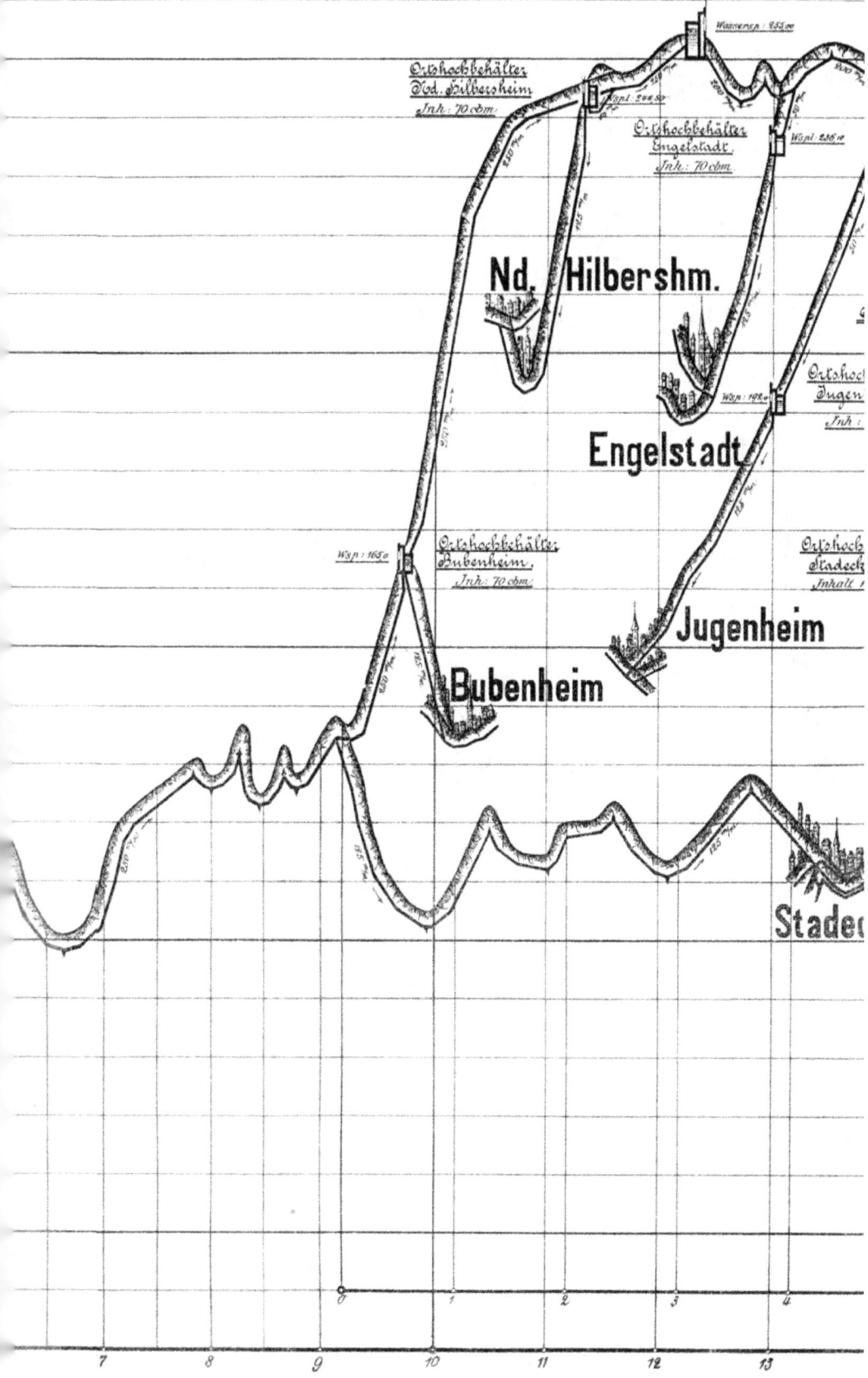

Haupt-Hochbehälter 2.

Inhalt - 600 cbm

Wassersp.: 255 m

Ortshochbehälter
Nd. Hilbersheim
Inh.: 70 cbm

Wspl.: 244,50

Ortshochbehälter
Engelstadt.
Inh.: 70 cbm

Wspl.: 236 m

Nd. Hilbershm.

Ortshoch...
Jugen...
Inh.:

Engelstadt

Wsp.: 192 m

Wsp.: 165 m

Ortshochbehälter
Bubenheim.
Inh.: 70 cbm

Ortshoch...
Stadeck...
Inhalt ...

Jugenheim

Bubenheim

Stadec...

0   1   2   3   4

7   8   9   10   11   12   13

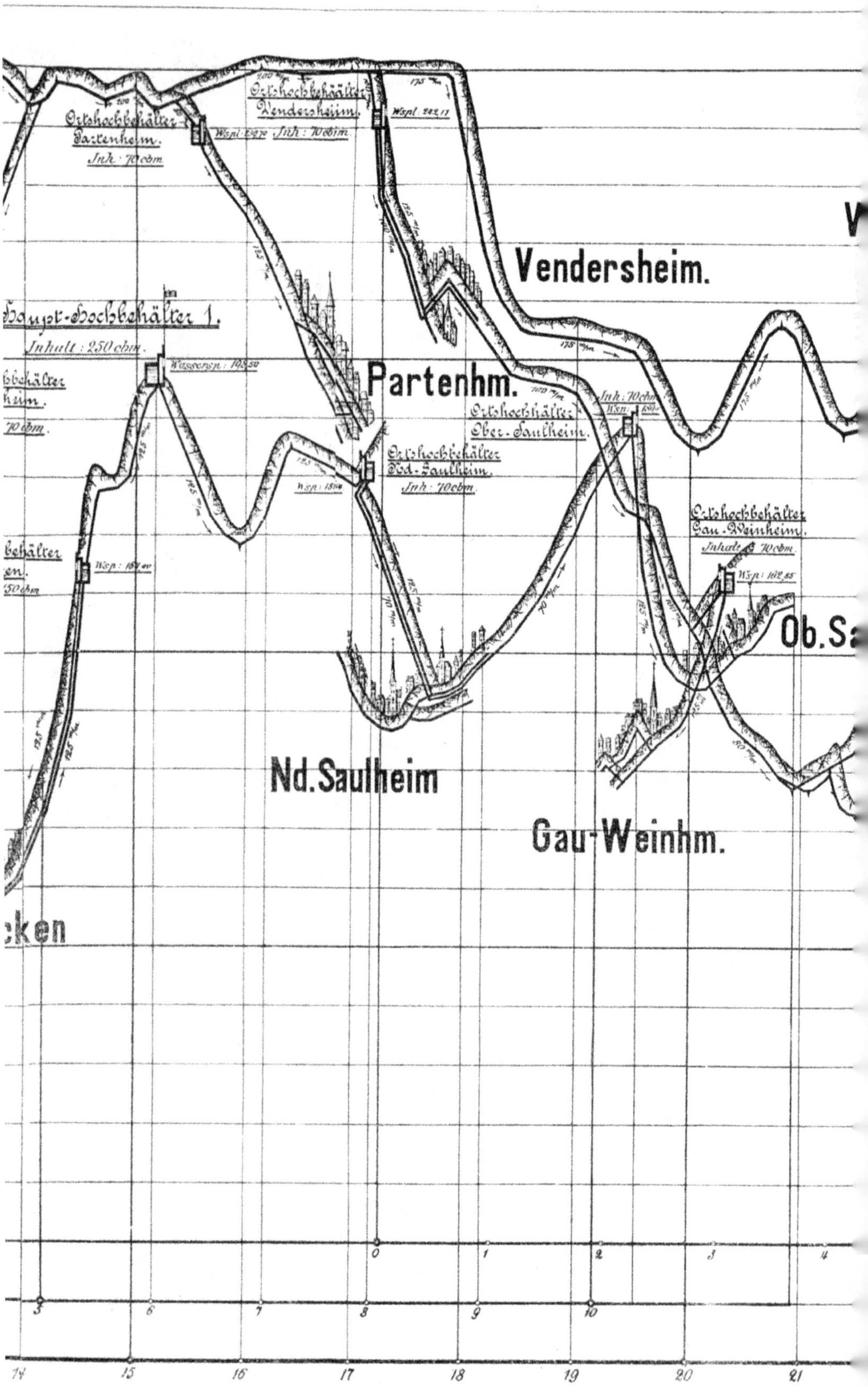

Ortshochbehälter
Partenheim.
Inh.: 70 cbm

Ortshochbehälter
Vendersheim.
Wspl. 197.70 Inh.: 70 cbm

Wspl. 202.11

175

Vendersheim.

Haupt-Hochbehälter 1.
Inhalt: 250 cbm
Wasserstn.: 193.50

...behälter
...heim
70 cbm.

Partenhm.

Ortshochbehälter
Ober-Saulheim.
Inh.: 70 cbm

Wsn. 190

175

Ortshochbehälter
Nd.-Saulheim.
Wsp. 134. Inh.: 70 cbm

Ortshochbehälter
Gau-Weinheim.
Inhalt: 70 cbm

...behälter
...en.
250 cbm

Wsp. 161.00

Wsp. 162.85

Ob.Sa

Nd.Saulheim

Gau-Weinhm.

...cken

3   6   7   8   9   10

0   1   2   3   4

14   15   16   17   18   19   20   21

Haupt-Hochbehälter 3.

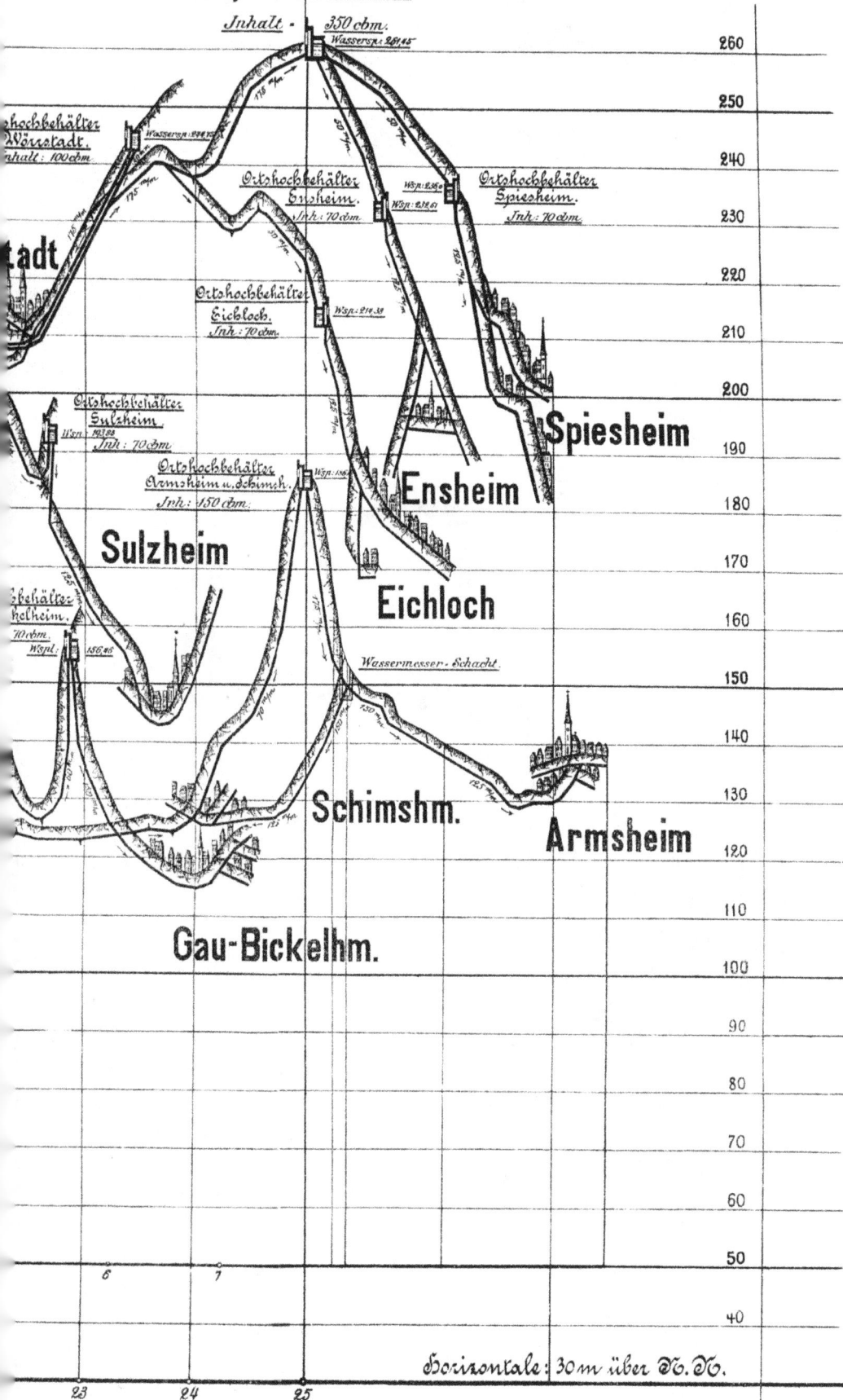

Inhalt - 350 cbm.
Wasserspr: 261,45

Ortshochbehälter
Wörrstadt.
Inhalt: 100 cbm

Ortshochbehälter
Ensheim.
Inh: 70 cbm.

Ortshochbehälter
Spiesheim.
Inh: 70 cbm.

Ortshochbehälter
Eichloch.
Inh: 70 cbm.

Ortshochbehälter
Sulzheim.
Inh: 70 cbm.

Ortshochbehälter
Armsheim u. Schimsh.
Inh: 150 cbm.

behälter
kelheim.
70 cbm.
Wspl.

Wassermesser-Schacht.

Spiesheim

Ensheim

Sulzheim

Eichloch

Schimshm.

Armsheim

Gau-Bickelhm.

tadt

260
250
240
230
220
210
200
190
180
170
160
150
140
130
120
110
100
90
80
70
60
50
40

Horizontale: 30 m über N. N.

23   24   25

6   7

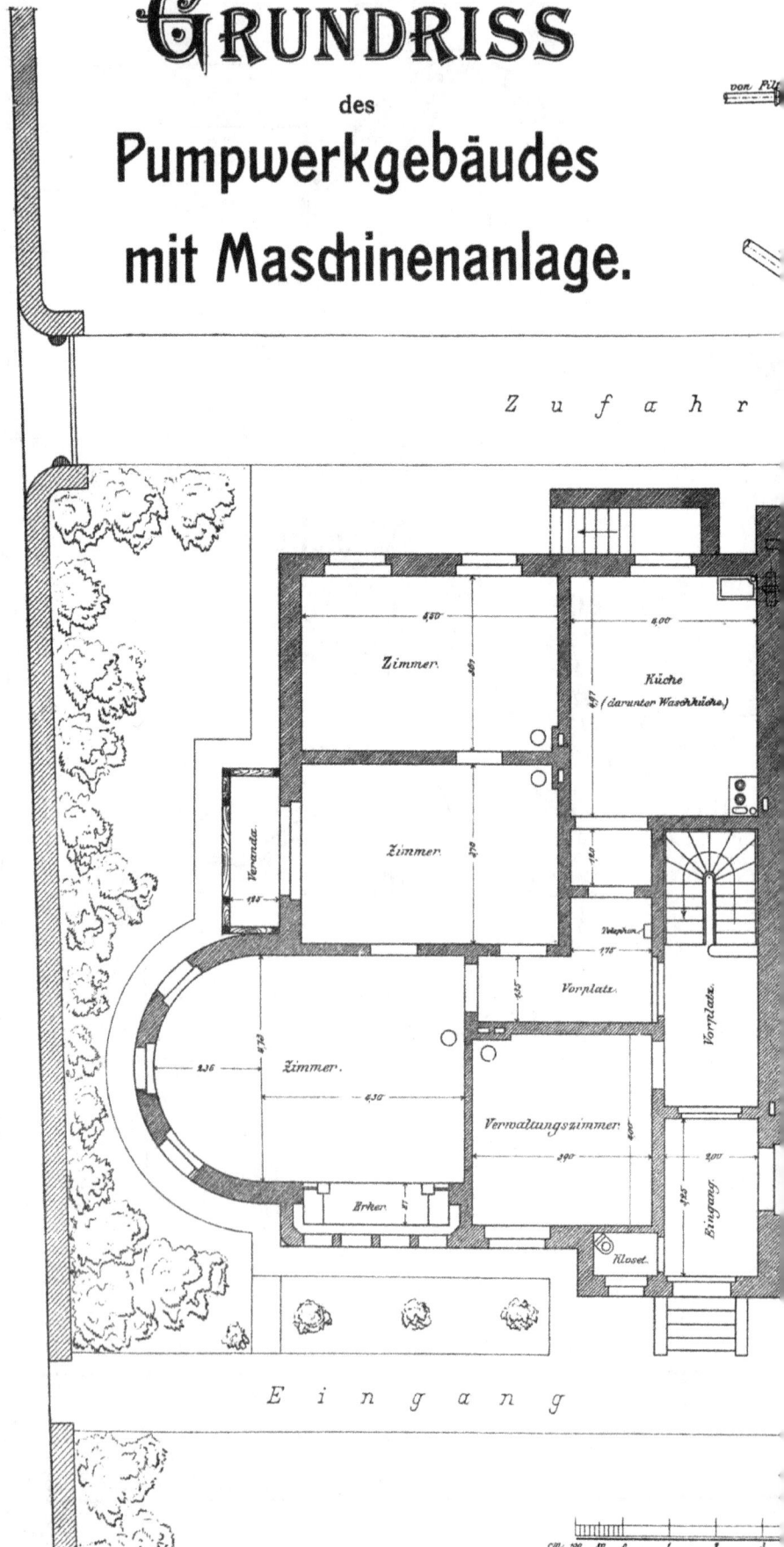

GRUNDRISS

des

Pumpwerkgebäudes

mit Maschinenanlage.

von Fil[...]

Zufahr[t]

Der Badweg

Zimmer.

4,50

Küche
(darunter Waschküche.)

Veranda.

Zimmer.

4,00

Treppe

Zimmer.

2,36

4,50

Vorplatz.

Telephon.

Vorplatz.

Verwaltungszimmer.

2,90

Eingang.

Erker.

Kloset.

E i n g a n g

Verlag von R. OLDENBO[URG]

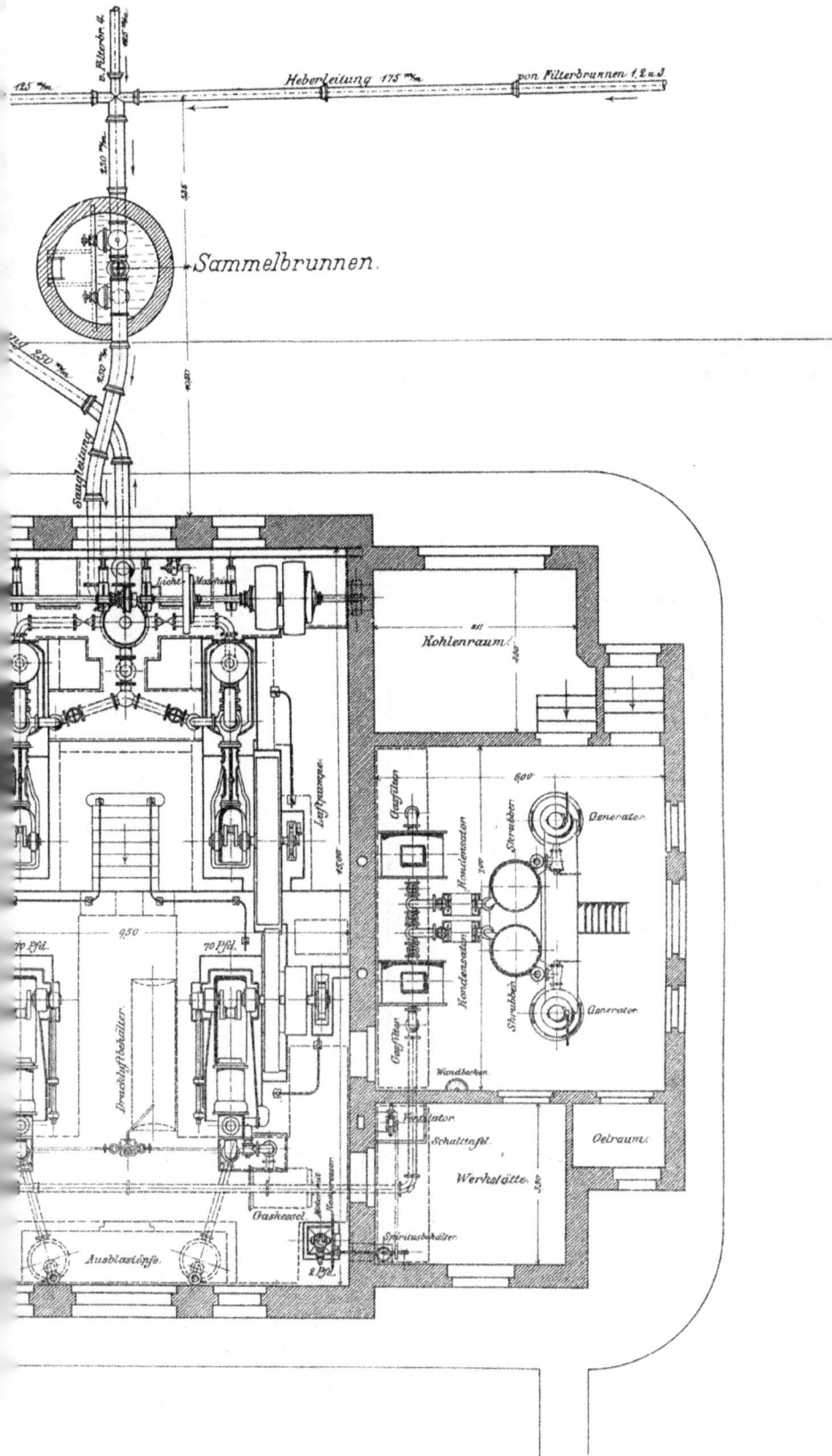

125 ᵐᵐ Heberleitung 175 ᵐᵐ von Filterbrunnen 1,2 u.3.

Sammelbrunnen.

Saugleitung

Kohlenraum.

Generator.

Generator.

Oelraum.

Schalttafel.

Werkstätte.

Druckluftbehälter.

70 Pfd. 9,50 70 Pfd.

Ausblastöpfe.

Gaskessel.

Spiritusbehälter.

2 Pfd.

Haupt-H

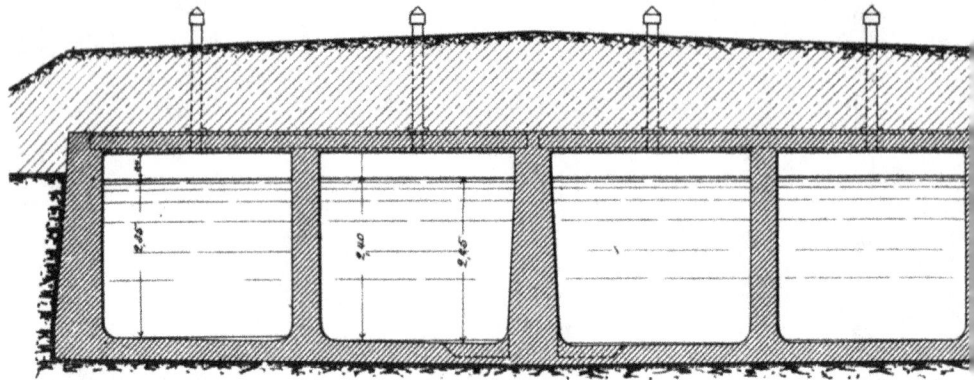

SCHNITT A-B.

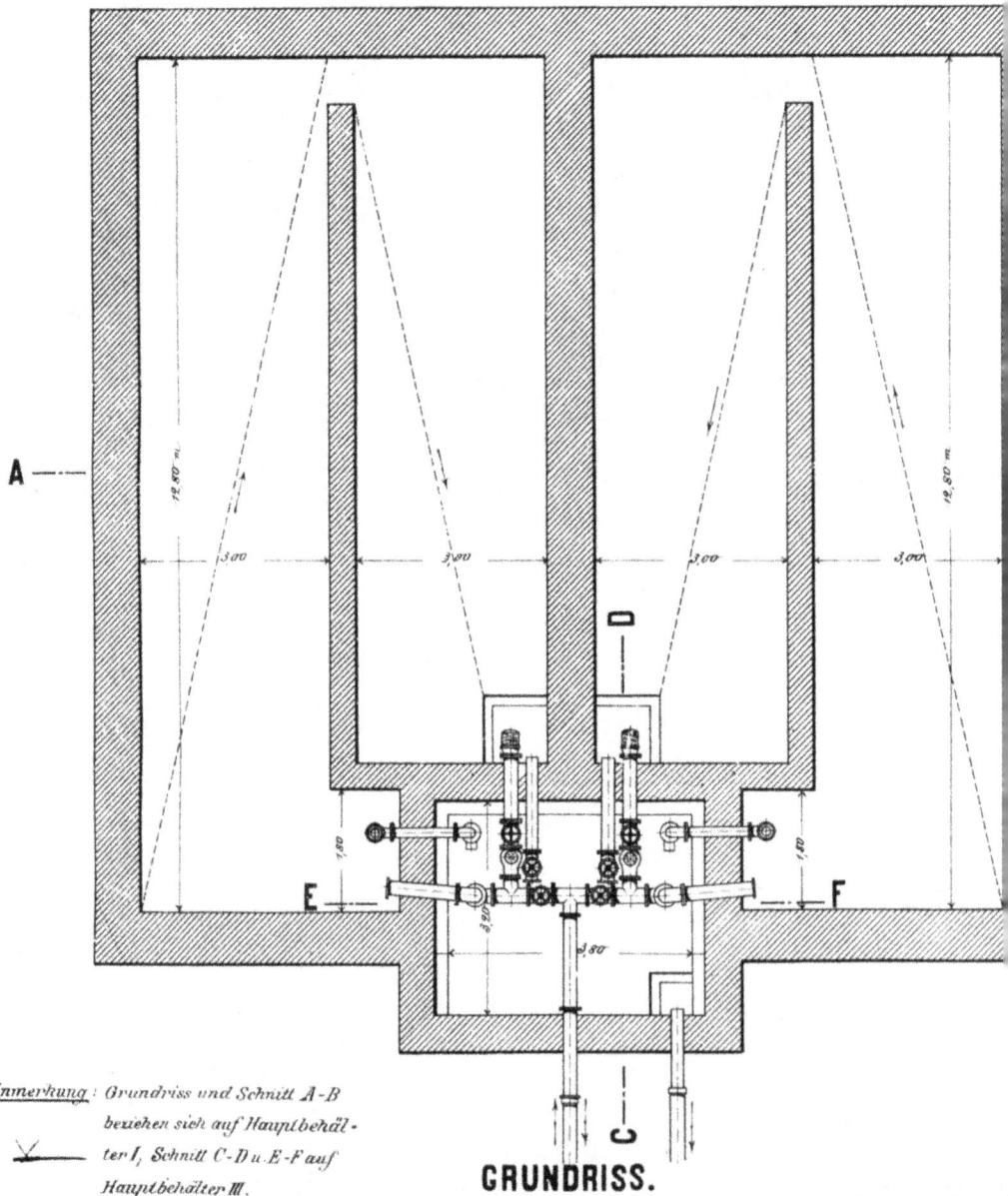

A

D

E   F

C

Anmerkung: Grundriss und Schnitt A-B
beziehen sich auf Hauptbehäl-
ter I, Schnitt C-D u. E-F auf
Hauptbehälter III.

GRUNDRISS.

Verlag von R. OLD

behälter.

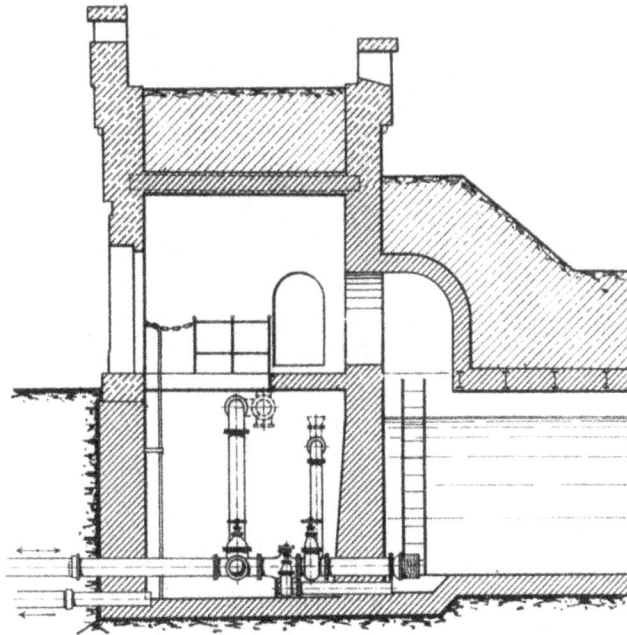

SCHNITT C-D.

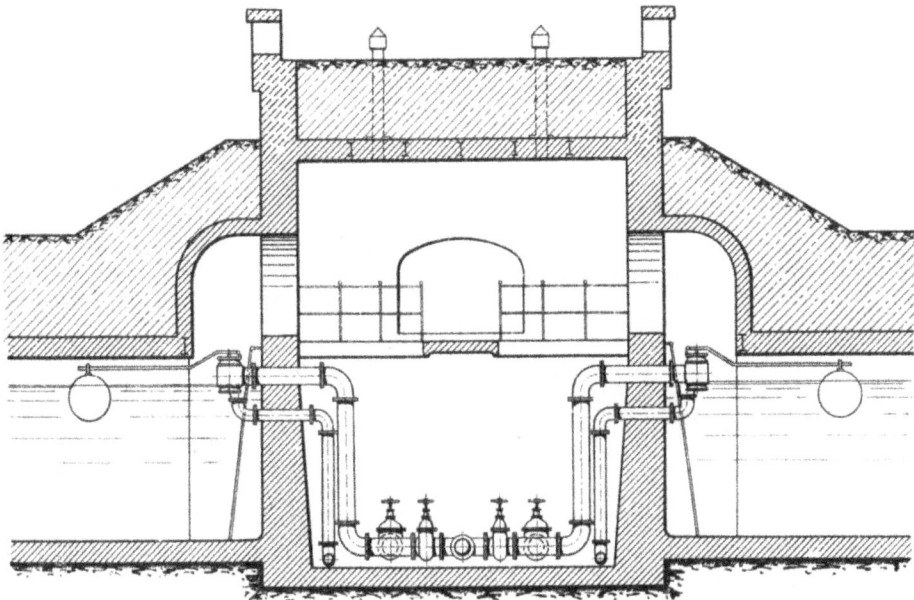

B

SCHNITT E-F.

Maßstab.

nchen und Berlin.   Lith. Anst. v. F. Reichhold in München.

v. Boehmer, Die Wasserversorgung des Selz-Wiesbach-Gebietes.

Ortshochbehälter.

SCHNITT C-D.

SCHNITT E-F.

SCHNITT A-B.

GRUNDRISS.

Maſsstab.

Verlag von R. OLDENBOURG, München und Berlin.

Lith. Anst. v. F. Reichhold in München.

TA

zur Berechnung der Wassergeschwindigkeiten *(v)* und Druckhöh...

nach der D...

Wassergeschwindigkeit $v = \dfrac{4\,Q}{\pi d^2}$

Sekundli...

Lichte Rohrweite d mm	Einf. Druckhöhenverlust pro 100 m		0,2	0,3	0,4	0,5	0,6	0,7	0,8	0,9	1,0	1,2	1,4	1,6	1,8	2,0	2,2	2,4
19	12,4000 v²	v	0,706	1,059	1,415	1,783												
		h	6,180	13,932	24,722	38,628												
25	8,2000 v²	v	0,408	0,612	0,816	1,020	1,224	1,428	1,632									
		h	1,365	3,071	5,460	8,531	12,285	16,721	21,840									
31	6,0000 v²	v	0,265	0,397	0,533	0,669	0,795	0,927	1,060	1,193	1,325							
		h	0,421	0,946	1,685	2,629	3,792	5,156	6,742	8,525	10,534							
40	4,1525 v²	v	0,159	0,239	0,318	0,398	0,478	0,577	0,637	0,716	0,796	0,955	1,115					
		h	0,105	0,237	0,420	0,657	0,955	1,382	1,684	2,127	2,629	3,752	5,159					
50	3,0632 v²	v	0,102	3,153	0,204	0,255	0,306	0,357	0,408	0,459	0,510	0,611	0,713	0,816	0,918	1,020	1,121	1,2
		h	0,032	0,072	0,127	0,199	0,287	0,390	0,510	0,645	0,797	1,147	1,562	2,040	2,582	3,187	3,437	4,3
60	2,4083 v²	v			0,141	0,177	0,212	0,246	0,283	0,318	0,354	0,424	0,495	0,566	0,637	0,707	0,778	0,8
		h			0,048	0,074	0,108	0,149	0,193	0,243	0,301	0,433	0,590	0,771	0,978	1,204	1,457	1,7
70	1,9767 v²	v				0,130	0,156	0,182	0,208	0,234	0,260	0,312	0,364	0,416	0,468	0,520	0,572	0,6
		h				0,033	0,048	0,065	0,085	0,108	0,134	0,192	0,262	0,342	0,433	0,534	0,646	0,7
80	1,6719 v²	v					0,119	0,139	0,159	0,179	0,199	0,239	0,278	0,318	0,358	0,398	0,438	0,4
		h					0,024	0,033	0,042	0,054	0,066	0,095	0,130	0,169	0,214	0,265	0,320	0,3
90	1,4461 v²	v							0,126	0,142	0,157	0,189	0,220	0,252	0,283	0,314	0,346	0,3
		h							0,023	0,029	0,036	0,051	0,070	0,090	0,116	0,143	0,173	0,2
100	1,2728 v²	v									0,127	0,153	0,178	0,204	0,229	0,255	0,280	0,3
		h									0,021	0,030	0,040	0,053	0,067	0,083	0,100	0,1
110	1,1357 v²	v											0,147	0,168	0,189	0,210	0,231	0,2
		h											0,025	0,032	0,041	0,050	0,061	0,0
125	0,9768 v²	v													0,146	0,163	0,179	0,1
		h													0,021	0,026	0,031	0,0
150	0,7910 v²	v															0,125	0,1
		h															0,012	0,0
175	0,6378 v²	v																
		h																
200	0,5717 v²	v																
		h																
225	0,5017 v²	v																
		h																
250	0,4470 v²	v																
		h																
275	0,3929 v²	v																
		h																
300	0,3648 v²	v																
		h																

E

(h) für **v**erschiedene Rohrweiten (d) und Wassermengen (Q)
Formel.

Druckhöhenverlust pro 100 m = h = $\left(0{,}1014 + \dfrac{0{,}002588}{d}\right)\dfrac{v^2}{d}$.

menge in Liter

(…)	3,0	3,5	4,0	4,5	5,0	6,0	8,0	10,0	12,0	15,0	20,0	25,0	30,0	35,0	40,0	45,0	50,0	v/h	Lichte Rohrweite d in mm
																		v	19
																		h	
																		v	25
																		h	
																		v	31
																		h	
																		v	40
																		h	
…8	1,530	1,785	2,040															v	50
…7	7,170	9,760	12,750															h	
…01	1,061	1,238	1,415	1,592	1,769	2,123												v	60
…55	2,712	3,692	4,817	6,103	7,536	10,488												h	
…28	0,780	0,910	1,039	1,169	1,299	1,556	2,079											v	70
…47	1,202	1,635	2,13	2,703	3,338	4,806	8,544											h	
…57	0,597	0,696	0,796	0,895	0,995	1,194	1,591	1,990	2,388	2,985								v	80
…19	0,595	0,811	1,059	1,340	1,654	2,382	4,234	6,616	9,534	14,896								h	
…40	0,472	0,550	0,629	0,707	0,786	0,948	1,259	1,574	1,889	2,401								v	90
…30	0,322	0,438	0,572	0,723	0,893	1,268	2,287	3,573	5,263	8,503								h	
…56	0,382	0,446	0,509	0,573	0,637	0,764	1,019	1,273	1,528	1,911	2,546	3,182	3,819					v	100
…62	0,186	0,253	0,330	0,418	0,516	0,718	1,321	2,063	2,974	4,648	8,255	12,814	18,506					h	
…96	0,316	0,368	0,421	0,474	0,526	0,621	0,842	1,052	1,263	1,579	2,104	2,630	3,156	3,682				v	110
…99	0,113	0,154	0,201	0,255	0,314	0,438	0,803	1,258	1,812	2,831	5,028	7,856	11,312	15,397				h	
…28	0,244	0,285	0,325	0,366	0,407	0,488	0,650	0,813	0,981	1,224	1,630	2,037	2,435	2,852	3,260			v	125
…51	0,058	0,079	0,103	0,131	0,162	0,232	0,413	0,646	0,941	1,467	2,478	4,054	5,789	7,946	10,380			h	
…59	0,170	0,198	0,226	0,255	0,283	0,340	0,433	0,567	0,679	0,849	1,132	1,415	1,698	1,981	2,264			v	150
…20	0,023	0,031	0,041	0,051	0,063	0,092	0,162	0,254	0,365	0,570	1,013	1,583	2,286	3,121	4,053			h	
	0,125	0,146	0,166	0,187	0,208	0,249	0,333	0,416	0,499	0,624	0,831	1,039	1,247	1,455	1,663			v	175
	0,010	0,014	0,018	0,022	0,028	0,040	0,071	0,110	0,159	0,248	0,441	0,689	0,992	1,350	1,763			h	
			0,127	0,143	0,159	0,191	0,255	0,318	0,382	0,477	0,637	0,796	0,955	1,114	1,273			v	200
			0,009	0,012	0,014	0,021	0,037	0,058	0,083	0,130	0,232	0,363	0,521	0,647	0,925			h	
				0,126	0,151	0,201	0,252	0,302	0,377	0,503	0,629	0,754	0,880	1,006				v	225
				0,009	0,011	0,020	0,032	0,046	0,071	0,127	0,198	0,286	0,380	0,508				h	
					0,122	0,163	0,204	0,244	0,306	0,407	0,509	0,611	0,713	0,815	0,917	1,018		v	250
					0,007	0,012	0,019	0,027	0,042	0,074	0,116	0,167	0,227	0,297	0,378	0,463		h	
						0,176	0,220	0,263	0,329	0,439	0,549	0,658	0,768	0,878	0,988	1,097		v	275
						0,012	0,019	0,027	0,043	0,076	0,118	0,170	0,232	0,303	0,390	0,432		h	
							0,142	0,170	0,212	0,283	0,354	0,424	0,495	0,566	0,637	0,707		v	300
							0,007	0,010	0,016	0,029	0,046	0,066	0,089	0,117	0,148	0,182		h	

Druck und Verlag von R. Oldenbourg, München und Berlin.